重庆小面全典

张正雄 主编
董渝生 副主编

重庆出版集团
重庆出版社

图书在版编目(CIP)数据

重庆小面全典 / 张正雄，董渝生主编．—重庆：重庆出版社，2021.7(2021.12重印)

ISBN 978-7-229-15875-0

Ⅰ.①重…　Ⅱ.①张…　②董…　Ⅲ.①面条—食谱—重庆　Ⅳ.①TS972.132

中国版本图书馆CIP数据核字(2021)第111827号

重庆小面全典

CHONGQING XIAOMIAN QUANDIAN

张正雄　主编　董渝生　副主编

责任编辑：赵仲夏
责任校对：刘　艳
装帧设计：DESIGN

重庆出版集团
重庆出版社 **出版**

重庆市南岸区南滨路162号1幢　邮政编码：400061　http://www.cqph.com

重庆三达广告印务装璜有限公司印刷

重庆出版集团图书发行有限公司发行

全国新华书店经销

开本：787mm×1092mm　1/16　印张：20.25　字数：266千

2021年9月第1版　2021年12月第2次印刷

ISBN 978-7-229-15875-0

定价：58.00元

如有印装质量问题，请向本集团图书发行有限公司调换：023-61520678

目录

CONTENTS

第二部分　重庆小面的制作

第四部分　重庆小面故事

序

◎赖维学

1997 年，重庆正式成为中国第四个直辖市。重庆的经济乘着这股强劲的东风得到了长足的发展，各行各业呈现出一派欣欣向荣的局面。其中，与人们生活息息相关的餐饮业发展尤为突出。

渝派川菜博采民间众长，注重清鲜醇浓，以善用麻辣著称，地方风味浓郁。它和源于两江、兴于两江、走出两江的重庆火锅，以及小中自有大文章、小中自有大市场的重庆小面，作为重庆美食的三大代表，丰富着人们的生活，推动着市场的繁荣。

在中国，一座城市如果有一种美食能够立足本地，辐射大区，闻名全国，那么就说明这座城市的美食发展水平相当不错。渝派川菜和重庆火锅早已闻名华夏，而受众范围最广、最接地气的重庆小面近年来也与渝派川菜、重庆火锅一道，成为吸引全国目光的“城市名片”。

2013 年 11 月 21 日，中央电视台在纪录片频道播出了一部专门介绍重庆小面的纪录片《嘿！小面》；紧接着在其 2014 年 5 月 30 日播出的大型纪录片《舌尖上的中国》第二季中，又再次介绍了重庆小面。这两部纪录片的相继播出，使重庆小面为祖国各地的美食爱好者所知晓。随后，各地媒体记者纷纷来到重庆，对重庆小面进行了更广泛和深层次的考察、品鉴。

江苏电视台主持人孟非曾撰文评价家乡的重庆小面：“一碗小面，二两刚好，三种味道，四方来耍，五张凳子，六个人吃，七种调料，八勺辣椒，摊摊越小，味道越好，客人越多，老板越狡，莫看小面嘿小，嘿霸道。”有媒体记者在吃过重庆小面后曾这样说：“原先只晓得重庆的火锅很来劲，重庆的风味菜很霸道，殊不知重庆的麻辣小面也照样够味。”还有网络达人这样描述：“重庆美食与重庆人的性格一样豪放，只需一碗麻辣小面就彻底征服食客的味蕾。”两部纪录片的播出，加上各地媒体记者及美食爱好者发自肺腑的“点赞”，使重庆小面迅速成为“网红”美食，并很快在全国掀起一股“重庆小面热”。

重庆小面之所以能够得到世人青睐，与它推崇的“物无之味，适口者珍”的调味精髓是分不开的。按照现代科学的研究，味觉是一种“化学感受”，经烹调后的各种味道，溶于口中，刺激味蕾，然后通过神经纤维到达大脑，再经过大脑的识别分类，从而被人感知。孟子曰：“口之于味也，有同嗜焉。”其意为，虽然味觉感知会根据就餐者的需求而千差万别，但需求变化再大，人们对于美味可口的食物都有着共同的品味能力。重庆小面所讲究的“吃面就是吃佐料，吃面就是吃味道”，就是这一道理比较客观和具体的诠释。

要做出真正的好味道，不是一件易事。仅从重庆小面红油辣子所使用的辣椒及油脂的品类选择和标准来讲，不同辣椒炕制的焦化效果、舂制辣椒力度的掌握、油脂与辣椒的比例关系、炼制油温的温差区别及炼制技法不同，其辣与香释放的程度，油红色度的浓淡等就有很大区别。重庆小面在众多有识之士的呵护和关心下，在广大食客的期许下，依靠对重庆小面文化深层次的挖掘与弘扬，以及小面经营者们的执着与守护，通过好味道的召唤相知见“面”，通过以味制胜的魅力去品鉴识“面”。筷夹面条过两江，碗盛五味行巴山。一年四季，食客们总惦记着要与它早晚见“面”。

“安生之本，必资于食”。自古以来，我国有南方人喜米食，北方人喜面食的饮食传统。重庆不属于北方，为什么重庆人会对面条情有独钟呢？这与历史上重庆的几次大移民有关。移民们带来的各地面食，在重庆这块土地上被改良和完善。优为我用，良为我取，重庆小面因民需而生，经铢积寸累，方呈现今日之芳容。一碗小面承载着千百年来历代先辈不断进取和开拓的精神，彰显着数代匠人不断变化和创新的智慧。

重庆人是幸福的，因为我们有重庆小面一直陪伴左右，每天的生活从早晨的一碗小面开始。简单而朴素的重庆小面，已经在重庆人的心中扎下了根，与重庆人结下了难舍难分的不解之缘。

本序作者系重庆小面非遗技艺传承人

重庆德佳食品（集团）有限公司董事长兼总经理

人间膳道话主食

《礼记·礼运》曰："夫礼之初，始诸饮食。"意指人类文明越接近初始时期，饮食在整个生活中所占比重也就越大。据《尚书·洪范》记载，"先秦""八政"，以"食"冠其首。人们为了生存，进食是首先需要考虑的事情。

经过对食材的不断认识、了解、研究，人们发现一部分食材能够提供大量热能。这样的食材加工出的各种食品，在人的整个饮食结构中占绝对主导地位，被称为主食。从古至今，从南到北，各地变化万千的主食一直影响着中国人对四季循环的感受，带给人们丰饶、健康、满足和充满情趣的生活。

一种食物被称为主食，需从其食用频率和食用量两个重要的方面来考虑。食用频率，即某一种食物人们是否经常吃甚至天天吃；食用量则表现为在一餐中某种食物是否能基本保证人们对于"吃饱"的需要。

不同地域的人们，享用不同的丰富主食，这反映出他们所处的自然环境及其在特定的自然环境下所作出的选择。由于地理、气候、土壤、农作物品种等方面的区别，各地的饮食出现倾向性的变化，通过人们对食物的加工和运用，这些倾向也得到固定。人们常说的"南粉北面"就是对这种饮食倾向现象的总结。

随着社会的不断发展及生产力的提高，受到物质条件的丰富和人们生活水平的改善等因素的影响，各地人们饮食的内容也会产生变化，“南粉北面”的说法也从绝对变为相对。

川渝原本属于“南粉”地区，但在经过了上千年的变迁之后，“北面”也逐步成为川渝地区的主食之一。这与历史上的几次大规模移民有着十分紧密的联系。面食在川渝地区的引入，可以追溯到秦惠文王至秦始皇在位的这一百多年间，数次“移秦民，万家实之”的时期。

四川大学历史系童恩正教授在《古代的巴蜀》一书中记述，秦惠文王在位时，秦国为了达成巩固封建的生产关系、统一全中国的宏愿，在战略上十分重视位于西南一隅的巴蜀，在经过一系列的准备之后，于公元前316年灭巴蜀。

秦灭巴蜀后，如何巩固封建统治并尽快在当地确立封建制的生产方式，是秦王朝面临的一个首要问题。为了达到这个目的，秦王朝采取了若干措施。

首先是利用大量的移民来加强秦政权的力量。这种移民带有强烈的政治性。唐代卢求《成都记·序》记载：秦惠文王并巴蜀以后移民的目的，是“皆使能秦言”。也就是说，利用移民的影响力，从生产方式到风俗习惯，加速巴蜀的变革。

其次是营造新的政治经济中心，着手在巴蜀两地修筑城市。《华阳国志·蜀志》中记载：“仪与若城成都，周回十二里，高七丈；郫城周回七里，高六丈；临邛城周回六里，高五丈。”《舆地纪胜》中记载：“古江州城，东接州（重庆）城，西接县城。”

除了修筑城市以外，秦政府还在城中设置盐铁市官，开设商埠等，《华阳国志·蜀志》中还记载：“成都县本治赤里街，若徙置少城内城，营广府舍，置盐铁市官并长丞，修整里阓，市张列肆，与咸阳同制。”这些举动充分说明秦政府已着手用封建的个体工商业代替原奴隶制工场，用工商业者代替过去的工奴，从而解放了社会生产力，为工商业的发展创造了条件。由于秦政府为巴蜀地区奠定了一定的经济基础，遂使巴蜀地区其他方面也得到了相应的进步和发展。

在“移秦民，万家实之”的过程中，成千上万的中原人来到巴蜀安家落户，他们除了把中原地区的农作物种植技术、家畜家禽饲养技术、生产资料加工技术等带到了巴蜀之外，还带来了中原的饮食习惯和食物。《华阳国志》中有“汉家食货，以为称首”，“其辰值末，故尚滋味”的记载。在主食方面，把中原人对小麦的“粒食”，又叫“麦食”习惯也带到了巴蜀。《礼记·内则》：“麦食，脯羹、鸡羹。”《说文·食部》：“……秦人谓相谒而食麦曰饐餲。”由于小麦的种皮硬实，长期“粒食”，会使食用效果大打折扣，故先人在种植小麦的同时也相应创造出破皮（去皮）取粉的技术。《说文·臼部》：“舂去麦皮也。”《说文·麦部》中有“麸”字，释为“小麦屑皮也”。在将麦料去皮成粉的同时，先民还发明了将面粉与麦麸分开的方法。据《睡虎地秦墓竹简·秦律十八种·仓律》：“麦十斗，为䵂三斗。”䵂，即麦麸。说明在当时十斗麦子可以加工成七斗面粉，出三斗麦麸。

正是这长达百余年的移民过程，使巴蜀地区的先民认识了可供食用的小麦，接受了小麦由“粒食”到“粉食”的食用习惯，并为其在随后的汉、唐、宋、明时期选择面条（汤饼）作为主食之一打下了基础。

巴蜀地区接受面条作为主食，还与历史上另外一次大移民有关。清康熙二十五年（1686 年）开始至清咸丰、同治年间止，清朝政府在这 100 多年间，实施了较大规模的“湖广填四川”移民举措，大量外籍人举家迁徙到川渝，其中又以来自湖北、湖南、广东、广西、陕西、云南、贵州、江西、浙江等地的移民为多。清朝时期，我国文化和社会生产力有了较大的发展，整体经济水平有所提高，物质条件相对丰富，特别是在饮食方面，各地已经形成了属于自己的饮食风格，所以，移民们在迁徙之际，会将他们长期养成的饮食习惯及其经常食用的食品带到新的居住地——川渝地区。这其中，就有各地的面条。由外地传入的各种面条，经过巴山蜀水的“洗礼”后，被当地百姓认识、接受，很快得到改良、演变，在川渝地区这块烹饪文化的沃土中生根、发芽、开花、结果，发展出了既能慰藉移民乡愁，又能满足原住民口味喜好的新颖饮食风格。而这种风格的真正形成，离不开一样寄托着川渝地区广大人民乡土情结的调料——辣椒。

据考证，辣椒是明末由域外传入中国的，在川渝地区进行栽种和食用已是清朝中期的事情。辣椒传入川渝，特别是传入重庆后，极大地推动了重庆饮食习惯的变化。重庆人在认识麻辣这种口味的同时，也了解到辣椒还具有祛湿御寒的特殊功效。重庆位于四川盆地东部，辖区内河流纵横，水系发达，山地丘陵起伏绵延，四周群山环绕；属于亚热带气候，大部分地区年降雨量在 1000 毫米左右。这样的地理气候条件使得空气中湿度大、雾瘴重、寒气浓、气压低，表现为温差明显、寒暑分明。重庆人为了适应这种不利环境，开始寻找具有祛湿、御寒功效的食物。辣椒，作为大自然的馈赠，被重庆人发现、厚爱，融入到日常烹调之中。岁月变迁，斗转星移，先辈们在使用辣椒的过程中，除了将其作为祛湿御寒的食材，还充分利用辣椒的特殊口味，创制出了不少能够呈现其辣味的调味料，其中就有被誉为“渝菜血液”的炼制红油辣子、香辣不燥的手搓炕椒，以及清辣悠长的剁椒等。辣椒由最初的观赏花卉，到可供食用的蔬菜，再到作为调料使用的这段时期，正是渝菜风格定形的阶段。在此期间，重庆的面条也潜移默化地受到影响，将“辣”作为了一种新的特点。可以毫不夸张地说，红油辣子的使用是重庆面条具有划时代意义的一次革命，它为重庆人尚滋味、好辛香的饮食习俗注入崭新的和实质性的内容。我们的先辈在使用辣椒的过程中还发现，在制作面条的调料时，如果像烹制菜品一样同时放入辣椒与花椒进行调味，会产生一种别具一格的美味。辣椒、花椒均为烈性调味料，但它们放在一起，却并没有如大家所认为的那样相互“厮杀”，反而相辅相成，使味觉效果更厚重，口感特色更鲜明。

在领悟麻辣“真谛”之后，重庆小面的味道便有了自身的独特魅力，与四川其他地方的面条既有共同之处，又有个性差异。但重庆人在日常生活中真正把面条作为主食，是在抗日战争造成的移民时期。

1940 年 9 月 6 日，国民政府定重庆为中华民国陪都。陪都的设立，使国民政府的各院、委、部、局、会等机关迁到了重庆。随着战事的升级，各地大批工业、商业、金融业、院校等机构的相关人员也纷纷迁来重庆。在这次庞大的移民潮里，迁来人数最多的为在工商企业、生产工厂以及各院校工作的普通职员、工人、教职工及其家属，他们是重庆历史上人数最多的一次移民大军。这部分人普遍收入不高，都是布衣平民、草根百姓，也是重庆面条最大的消费群体。抗战期间，先后来到重庆的移民中，北方人和下江（长江中下游地区）人居多，为了满足他们的就餐需求，不少精明的生意人捕捉到了商机，做起了面条生意。门面不好找，生意人就干脆摆起了摊摊，挑起了担担。一时间，在重庆上半城和下半城的街角巷尾中，“摊摊面”生意红火；还有数百“担担面”挑子，扛在小贩肩头，随着他们一起走街串巷。后来，在重庆主城区又开张了不少比较正规的面馆。据 1943 年重庆警察局所做统计，全重庆主城区共有餐馆 1789 家，其中面馆 426 家（摊摊面、担担面尚不算在内），面馆占了所有餐馆数量的约四分之一，不难看出，重庆面馆已经具有了一定规模。

“重庆小面”这个称呼也是在抗战期间叫响的。“小面”一名据考有三个来源：首先，早期重庆供应的面条多为素面，后来为了满足南来北往移民的需求，出现了加入各种臊子的荤面，为了区别荤素，就称素面为小面。其次，在重庆吃碗面，花钱不多就能吃饱，饱则小安。再者，在重庆吃面十分简便、快捷、随意，没有那么多的过场和讲究，“小”体现的是便、快之意。随着时间的推移，重庆人干脆将价廉物美、食用方便的荤面、素面统称为小面。重庆小面，叫起来顺口，听起来顺耳，体现了重庆人特有的谦虚豁达之性格，既有拉近距离的亲切感，还能与其他地区的面条相区别。久而久之，说起小面，大家就立马知晓，这是重庆的面。

刚来重庆的外地人对放了辣椒、花椒的麻辣小面常常是有点恐惧的。有一位怕吃辣的外地人曾回忆自己第一次在重庆吃小面的情形。

他来到一家面馆，叫了一碗小面，心想，既然叫“小面”，肯定辣不到哪里去。但面一端上来，看到碗中面条的四周浸溢着红亮亮的油，他头上的汗水一下就冒了出来，忍不住问面馆老板：“这是小面吗？”老板回答：“你又没说要清汤，那只能是这样子了。”无奈，他只好硬着头皮将这碗一辈子都忘不掉的小面吃完。但在重庆生活久了，他对麻辣小面就从惧吃、试吃，变为喜吃、“上瘾”，甚至欲罢不能，成了习惯，成了每天都要来一碗的主食。

抗战期间，重庆小面经营者为了适应广大移民的需要，兼收并蓄各地面条的特点，进行移植借鉴，推出了不少适合八方来客口味的臊子面，如杂酱面、三鲜面、红烧牛肉面、炖鸡面等。这些臊子面一经推出便大受欢迎，不少抗战时期在重庆工作生活过又回到老家的人，后来还时常在报纸杂志上撰文，回忆难忘的重庆臊子面。

如，山东人朱大柱曾在1989年的《中国烹饪》第12期上撰文回忆重庆的兼善面。

1938年，我国著名爱国实业家卢作孚先生在重庆北碚兴办了兼善餐厅。“兼善”一词源出《孟子·尽心上》的“穷则独善其身，达则兼善天下”，取“有福同享”之义。该餐厅坐落在北碚公园门前右侧，环境幽雅，聘请名厨主理，经营正宗川菜、面点，以“服务至上，顾客第一”为立店之本。卢作孚先生常在兼善餐厅宴请来北碚的冯玉祥、郭沫若、孙科等知名人士。

为了适应更多来到重庆的外地人需要，餐厅厨师创作了一款创新小吃——兼善面。

兼善面的面条不用碱，以一斤面粉加四个鸡蛋手工擀制而成，面要反复揉搓，揉得如绸一样光滑，面条有筋力，下锅不“泥”。小锅内盛奶汤，配以熟鸡肉、火腿、鱿鱼、玉兰片、番茄等辅料，以胡椒、盐、火葱为调料煮制而成。此面清香爽口，汤鲜味美，营养丰富，应市以来，受到各地食客交口称赞。

上海人李冰炉曾在1990年的《中国烹饪》第8期上撰文怀念他

与妻子几十年都难以忘怀的重庆“十园”鳝鱼面：

1937年“八一三”淞沪战争爆发，日本侵略军向中国发动了疯狂的进攻。当时日机轰炸浦东。浦东上空浓烟滚滚，火光冲天。南市区国界内居民纷纷逃向租界。人心惶惶，一派混乱。我当时就读于上海复旦大学预科。由于时局变化，只能辍学，我于9月初便离开上海，赴南京、转武汉，于10月返回重庆，借住于都邮街友人陈述会计师事务所二楼。我住处对面是上海冠生园食品店，隔壁便是单开间“十园”点心店。“十园”经营包子、面点等小吃。这里驰名的是鳝鱼面(即把鳝鱼划成鳝丝)。我因住得近，是这里的常客，也最喜欢吃鳝鱼面。“十园”的鳝鱼面以麻辣为主，风味浓郁，有一种强烈的引人食欲的魅力。其味无穷，给我留下深刻的印象，至今难忘。

“十园”鳝鱼面的特色是：麻辣味鲜，色香味俱佳。选料精细，面条是高级面粉加工而成。批进鳝鱼，拣去死鱼小鱼，专拣活鲜、粗大肥壮的候用。其配料为：大蒜、青葱、老姜汁、白糖、黄酒、酱油、花椒、麻油、味精、胡椒、虾米、蘑菇等。鳝鱼丝经过油爆加料作成之后，用作面浇头。当时小小店堂，时常顾客盈门。大家只要能吃到一碗鳝鱼面，一饱口福，于愿足矣。有时即使排队等候，一等就是半小时，大家也心甘情愿，毫无怨言。当时“十园”鳝鱼面誉满山城，远近闻名。

“十园”鳝鱼面之所以获得成功，名噪一时，这是和它采取的正确的经营作风（店规）分不开的。一次，和“十园”一位姓王的总管谈起，他们具体的作法有以下三点：一、重视商业道德。从不出售次品。价廉物美，薄利多销。当时一碗面售价只有1角。价廉则销路增多，于中取利。二、服务态度和蔼可亲，对顾客热情周到，笑脸迎人。顾客一进店，服务员就笑脸相迎，送茶送毛巾，给人一种温暖如家之感。近年来在报上读到一篇“顾客须知”的文章，其中有一条，大意是：一进商店，你首先必须仔细观察。例如：“老缺西，拎不清。”这是绝妙的讽刺，也可说是前一时期上海商业营业员的写照。

虽然领导再三要求提高服务质量，要和蔼可亲，微笑服务，近来总算有一些改进，但前一时期的风气，至今多少还有些遗存。此种经营作风，与“十园”对照，大相径庭，要使生意做得红火，难矣！“十园”作风值得我们借鉴。三、保持环境卫生，用具清洁。服务员一律白衣白帽大白口罩。使你感到卫生整洁。墙壁粉刷一新，桌上洁白台布，还有盆景点缀。进入店堂，若置身于一个幽雅的环境之中，令人心神舒畅。

“十园”全店员工都执行这种店规，一丝不苟。“十园”鳝鱼面生意越做越兴旺，名声越来越响亮。没有多久，连那些刚到重庆的“下江人”，也喜爱上了鳝鱼面。我爱人陈智群就是一个很好的例子。她出生于安徽，生长于上海，也是“下江人”，本来不吃辣味。后来她吃了鳝鱼面，麻辣味鲜，赞不绝口，再吃别的都觉无味了。

数千年的烹饪历史告诉我们，能提升饮食文明程度、满足生活需要的优良食材及其加工技法、食用方法，最容易被人们所接受，也最容易得到传播和发扬。重庆小面就是最有说服力的范例。它从时代中应运而生，由陌生到熟悉，由星火到燎原，“岁月无声，面传留痕”。

重庆人吃米饭，也吃小面，两种主食地位不分上下，均受到重庆人的喜爱。小面的创制、发展、流传，见证着重庆城三千年悠久历史，见证着这片移民安家的热土，也见证着重庆海纳百川、有容乃大的气度风范。人间膳道，佳话流传。

面条的前世今生

在中国约960万平方公里的土地上繁衍生活着56个民族。他们日出而作，日落而息，在春夏秋冬的四季轮回中遵循着一日三餐的生活规则，不断寻找能赖以生存的食物。

中国自然地理的多样性，让生活在不同区域的人们发现了能够产生人体所需大部分热量的食材——“五谷”。

我国小麦种植至少已有3000多年的历史。1957年3月，云南省剑川县海门口史前遗址发掘出新石器晚期遗存的麦穗。这些麦穗颗粒发黑，虽然被火烧过，但尖芒还在，并且颗粒不乱，经中国农业大学专家鉴定为小麦亚种。1979年，新疆的罗布泊古墓沟遗址中发掘出炭化籽粒，经四川农学院专家鉴定，这些籽粒为普通小麦。1955年，安徽省西北的亳州市钓鱼台遗址中，考古学家们发掘出一个置于土台上的陶鬲，陶鬲中装着不少麦粒，在陶鬲下方堆放着炭及木质灰，鬲脚和鬲裆上留有烟熏痕迹。陶鬲是古人煮制食物的器皿，由此，考古学家认为，在3000多年前，中国人就开始食用煮制麦粒。

关于麦的文字最早见于殷墟出土的甲骨文。一个是“麦”，即大麦；另一个是“來”字，即小麦。《诗经》中亦有关于禾本科植物的记载。例如《诗经·魏风·硕鼠》：“硕鼠硕鼠，无食我麦。”《诗经·王风·丘中有麻》：“丘中有麦……将其来食。”此后，“麦”渐渐专指小麦，而其他同类食用植物则在“麦”前冠以“大”“穬”等文字，以与小麦相区别。

《殷虚书契·后编》载："月一正，曰食麦。"说明在殷代开始，已有正月食麦之礼仪。到了周代此礼仪更为正规。《礼记·月令》中写道，孟春之月，天子需"食麦与羊"。其还记载有"乃劝种麦，毋或失时。其有失时，行罪无疑"等内容。郑玄注曰："麦者，接绝续乏之谷，尤重之也。"

到了汉代，先民开始称头年秋种，次年夏收的小麦为"宿麦"。《淮南子·时则训》中有"乃命有司趣民收敛畜采，多积聚，劝种宿麦"，《汉书·武帝纪》中有"遣谒者劝有水灾郡种宿麦"的记载。何谓"宿麦"？隋末唐初的研究《汉书》的专家颜师古解释说："秋冬种之，经岁乃熟，故云宿麦。……宿麦，谓其苗经冬。"

小麦具有的冬种夏收的特征，使其能够在青黄不接时被收获食用，故成为重要的救荒作物，受到上至统治者下至普通百姓的逐步重视，于是小麦在养育中华民族的"五谷"中占有了一席之地。

在中国古代，"五谷"的内容和含义多种多样，这在许多文献中有记载及解释。《周礼·天官》载："以五味五谷五药养其病。"郑玄注："五谷，麻、黍、稷、麦、豆也。"《孟子·滕文公上》载："树艺五谷。"赵岐注："五谷，稻、黍、稷、麦、菽也。"《大戴礼记·曾子天圆》载："圣人立五礼以为民望……成五谷之名……"北周人卢辩注："五谷，麻、黍、稷、麦、菽也。"唐人王冰注："谓粳米、小豆、麦、大豆、黄黍也。""五谷丰登"是我国最古老的关于"五谷"的成语。春秋战国时代的医学巨著《黄帝内经·素问》中提出了"五谷为养"的中医养生理论，至今仍然具有重要的意义。

小麦，作为"五谷"之一，成为了中国人饮食习惯中不可替代的重要角色和无法割舍的特有基因。即使到现在，"夏粮"这一名词，指的主要是每年收获归仓的小麦。每年的夏粮产量也是国计民生的重要指标之一。夏粮足，则国富，夏粮稳，则民强，这已经成为中国人心中的共识。

面条的制作离不开面粉。中国人通常将小麦磨成的粉称为面粉，而将其他粮食磨制而成的粉冠以特定名称，如玉米面、荞麦面、黄豆面、米面、青稞面等。最初，面粉是用磨棒和磨盘制成的。随后，人们发明了臼和舂，以碾制麦粒成粉，继而发明了石磨。现在，磨制面粉大多采用的是电动机磨。有了面粉，五花八门的面食就出现了，其中就包括本书的主角——面条。

世界上第一碗面条就出自中国。2002 年 11 月 22 日，我国的考古学家在中国青海省的喇家遗址发掘出一个倒扣的土陶碗，其中装有由小米面制成，长约 50 厘米、直径约 0.3 厘米，粗细均匀的原始面条。

而在中国史料中，第一次记载面条的文献见于距今 1900 多年的东汉。东汉崔寔所作《四民月令》中记载："阴气入，藏腹中塞，不能化腻；先后日至各十日，薄滋味，毋多食肥醴。距立秋，毋食煮饼及水溲饼。"所谓"饼"，西汉时期的扬雄所作《方言》中有："饼谓之饨，或谓之饦，或谓之馄。"东汉时期刘熙所作的《释名·释饮食》中也有"蒸饼、汤饼、蝎饼、髓饼、金饼、索饼之属，皆随形而名之也"的记载。"饼"，实际上是当时对面食的统一称谓，其中的汤饼、索饼、水引饼等，就发展成为现在的面条。

公元三世纪的三国时期，据宗懔《荆楚岁时记》等书转引，魏文帝怀疑著名玄学家何晏颜面白皙是由于搽了粉，于是在三伏天请何晏吃"汤饼"，何晏吃后，"大汗随出"，无搽粉之嫌。当时何晏吃的"汤饼"就类似今日的热汤面。

西晋人束皙观察到吃热汤面可以出汗的这种现象，在其《饼赋》中写道："玄冬猛寒，清晨之余，涕冻鼻中，霜凝口外，充虚解战，汤饼为最。"

南北朝时，南齐司徒左长史何戢与齐高帝萧道成有私交，为满足齐高帝"好食水引饼"的饮食习惯，常命人为其制作这种食物。何为"水引饼"呢？在《齐民要术》中是这样记载的：做"水引饼"须先用肉汁和面，然后将面挼成竹筷般粗细的条，于一尺许扯断，放在盘中用水浸，煮时取面条捏成如韭菜叶般薄细，入沸水锅内煮熟即成。

唐代，宫廷中每到冬天要“造汤饼”，夏天要做“冷淘”，后来这种方法又流传到民间。唐代著名诗人杜甫曾经在客居东夔（现重庆奉节）时吃到过这种面条，并在《槐叶冷淘》一诗中大加赞誉：“青青高槐叶，采掇付中厨。新面来近市，汁滓宛相俱。入鼎资过热，加餐愁欲无。碧鲜俱照箸，香饭兼苞芦。经齿冷于雪，劝人投此珠……万里露寒殿，开冰清玉壶。君王纳凉晚，此味亦时须。”冷淘面实际上是我国北方过水面及川渝地区凉面的“前生”。槐叶冷淘还开创了将植物捣汁与面揉和后加工成面条的先河。

到了宋代，汤饼的影响力逐渐扩大，受到了不少文人墨客的关注。北宋著名诗人黄庭坚有诗曰：“汤饼一杯银线乱，蒌蒿数筋玉簪横。”北宋另一位著名文学家苏辙也曾作诗形容汤饼：“……人言小麦胜西川，雪花落磨煮成玉。冷淘槐叶冰上齿，汤饼羊羹火入腹……”

南宋文学家陆游在诗中描述面食：“……玉尘出磨飞屋梁，银丝入釜须宽汤，寒醅发剂炊饼裂，新麻压油寒具香。大妇下机废晨织，小姑佐庖忘晚妆。老翁饱食笑扪腹，林下击壤歌时康。”其中的“玉尖出磨飞屋梁，银丝入釜须宽汤”就是他对加工面粉和面条的描述。陆游还在《冬夜与溥庵主说川食戏作》诗中称赞川渝地区的美食：“唐安薏米白如玉，汉嘉栮脯美胜肉。大巢初生蚕正浴，小巢渐老麦米熟。龙鹤作羹香出釜，木鱼瀹菹子盈腹。未论索饼与馔饭，掫爱红糟并炰粥。”诗中的“索饼”就是面条。北宋诗人王禹偁在《甘菊冷淘》诗中写道：“……淮南地甚暖，甘菊生篱根。长芽触土膏，小叶弄晴暾。采采忽盈把，洗去朝露痕。俸面新且细，搜摄如玉墩。随刀落银镂，煮投寒泉盆。杂此青青色，芳草敌兰荪……”由此可以看出，宋人制作面条时，已经将原料中带有微苦味的槐叶换成清甜芬香的甘菊，使植物汁和面制面条的技术有了进一步的发展。

面条发展到元代，品种愈加丰富了，据《饮膳正要》记载，面食有“春盘面”“山药面”“秃秃麻食”等二十多种。挂面（又叫干面），也是在元代问世的。

到了明代，汤饼、索饼、水溲饼等名称中的“饼”字，已经被“面”字正式取代了。

明初，刘基在《多能鄙事》中就以“面”这个新的称呼介绍了水滑面、索面、经带面、托掌面、红丝面、米心棋子、萝卜面的制作方法。明代高濂在《遵生八笺》中也记有“茱萸面”的做法。

明代蒋一葵撰《长安客话》，其中记载当时的市面上已经有“蝴蝶面、水滑面、托掌面、切面、挂面、馎饦、馄饨、合络、拨鱼、冷淘、温淘、秃秃麻失”等形式的面条供应了。

面条经过近两千年的发展，逐渐形成了擀、抻、揪、切、压、削等加工手法和煮、蒸、炸、烩、炝等成熟技法。聪慧的先辈，运用这些技艺创制出了花色繁多的面条。从面的主料变化上看，有五香面、冷荞面、玉延索饼（山药面）等，从制作特点上看，有三刀面、拨刀面、大燠面等，以面条的形态看，有龙须面、翠缕面、玲珑馎饦等，从面的臊子来看，有八珍面、熟脍面、插面等，从和面辅料上看，有菠菜面、鸡蛋面、番茄面等，从食用场合上看，有长寿面、福面、太平面等，此外，还有拨鱼、猫儿面等。

现代的面条体现出各地泾渭分明的饮食习惯，这些面条在传统的基础上有了很大的变化和发展，各地相继推出具有显著地方特色和不同风味的面条，如北京炸酱面、兰州拉面、山西刀削面、重庆小面、川渝担担面、吉林延吉冷面、杭州片儿面、昆山奥灶面、镇江锅盖面、武汉热干面、广东云吞面、上海阳春面、陕西岐山臊子面、山东打卤面、河南饸饹面，等等。

在重庆地区，除了能叫响全国的重庆小面之外，还派生出乡土气息浓郁的铺盖面、挞挞面、月母子面、格格面、腊炕面、蚕豆面、韭香面等。

对面条的青睐，是中国人的默契，曾经是某一地独有的面条，如今已活跃在其他城市的餐桌上。这种交融和互动，体现了中国人对待美食的态度。重庆小面、兰州拉面、山西刀削面就是其中之代表。正是依靠各地极富地方特色的面条之不断变化延伸，使中国这座美食的“百花园”更加绚丽缤纷。

古面点选辑

水滑面：用细白面制作。春、夏、秋，用新汲水入油盐，先搅和，作拌面羹样，将白面慢慢入水，和搜成剂。用手拆开作小块子，再用油水洒和，以拳揉一二百拳。如此三四次，微软如饼剂，就案上，用一拗棒纳（捺）百余拗。如无拗棒，只多揉数百拳。至面性行，方可搓为面指头。入新凉水内浸两时许。伺面性行，方下锅。阔细任意做（将在水中浸好的"面指头"做成阔面片或细面条）。冬月用温水浸。(似现在的凉扣面)

索面：与水滑面同。陪用油搓，如粗箸细，要一样长短粗细。用油纸盖，勿令皱。停两时许，上箸杆缠展细，晒干为度。(似现在的挂面)

经带面：头白面二斤、碱一两、盐二两研细。新汲水破开（加水冲开），和搜比擀面剂微软。以拗棒拗百余下。停一时许，再拗百余下，捍至极薄，切如经带样。滚汤下，候熟，入凉水（在凉水中过一下）拨，汁任意。(似现代的手工切面)

托掌面：白面、凉水入盐碱和成剂，停一时再搜和，至面性行，搓成弹子，米粉为粹。以骨鲁槌碾如盏口大，以薄为佳，煮熟入冷肉汁浸拨，换汁，加黄瓜丝、鸡丝、蒜酪食之。(似现在的臊子面)

红丝面：鲜虾二斤净洗擂烂，用川椒三十粒、盐一两、水五升，一处煮熟，拣去椒，滤汁澄清。入白面三斤二两，豆粉一斤，搜和成剂，布盖一时许。再搜擀开，用米粉为粹，阔细任意切。煮熟，其面自然红色，汁任意。只不犯猪肉，恐动风气。(似现在动物肉制面皮

加工的面条）

米心棋子：头面以凉水入盐和成剂。拗棒拗过，擀至薄，切作细棋子，以密筛隔过，再用刀切千百次再隔过。粗者再切，细者有糜末却簸去，皆要一样极细如米粒，下汤煮熟，连汤起在盆内，用凉水宽拨之三五次，方得精细。搅转捞起控干，麻汁加碎肉糟、姜米、酱瓜米、黄瓜米、香菜等装点供用。

勾面（萝卜面）：萝卜一斤，切碎煮三两沸，入韶粉一匙头，匀糁于上搅匀，煮至烂漉出擂，以布纽去滓，和面一斤擀压，切阔细任意。（似现在植物汁制面皮加工的面条）

揽胜碗里山川峻
品赞味中乾坤美

第一部分

重庆小面的特点

因人、因物、因地而宜的重庆小面

重庆小面在经过了岁月磨砺和社会变迁的洗礼之后，其地方风味厚重，麻辣咸鲜醇正，鲜香浓郁突出，臊子特色鲜明，逐步形成了因人、因物、因地而宜的特点。

一碗小面上桌，热气扑面而来，花椒和葱花香气盈鼻。下筷将面条拌匀，油辣子的燥烈、芝麻酱的醇厚、熟猪油的润泽合而为一，面条还未入口，客人已经食指大动，胃口大开。挑起裹上红油的面条尝上一口，碗底酱油的醇香、面条劲道的碱香，以及花生碎爽口的酥香裹挟而来，麻与辣，咸与鲜共同作用，最后用一碗面汤熨出满腹暖意，心头宽展，令人连呼“巴适”。

在重庆小面的众多品种中，最有影响力，“点击率”最高，最能代表重庆小面的非麻辣小面莫属。

重庆麻辣小面，有“八香、四辣、三鲜、二咸、一麻”，有食客赞曰：“八香过海聚芬芳，四辣临门皆欢喜，三鲜及第榜有名，二咸相会定终身，一麻绝尘天下奇。”

在“八香、四辣、三鲜、二咸、一麻”特色的基础之上，风味迥异的小面臊子使重庆小面的特色更加凸显。

在这些小面臊子中，有咸鲜味型的红烧肉、榨菜肉丝、番茄肉丸、水滑肝片、鸡蛋咸菜、红烧肚条、兼善三鲜、炖鸡等；有家常味型的回锅肉、红烧牛肉、泡椒鸡杂、泡椒腰花、粉蒸格格等；有麻辣味型的辣子鸡、姜鸭、麻辣牛肚等；有酱香味型的

八香

花椒面、小葱、煳辣壳、芝麻酱、熟猪油、酱油、碱面、花生碎。

四辣

红油辣子、大蒜、老姜、小葱。

三鲜

筒骨汤、酱油、味精（鸡精）。

二咸

酱油、榨菜（芽菜、咸菜）。

一麻

花椒面（花椒油）。

杂酱、尖椒肉臊等；有煳辣味型的煳辣血旺、炝锅鳝鱼等；有五香味型的卤肉、卤猪耳、辣卤蹄花等。

吃重庆小面，讲究因人、因物、因地而宜。

因人而宜，体现在客人入店和小面师傅相互间打的“响片”（招呼）中，客人要宽面还是细面，要清汤或是红汤、带汤或“干溜”，要什么臊子、加不加蛋……几句话说个分明，按需定制。

因物而宜，首先体现在时蔬（又叫青）的使用上。如春天的“青”选择豌豆苗、莴笋尖、软浆叶（木耳菜）等；夏天的“青”选择蕹菜（空心菜）、水白菜等；秋季的“青”选择油麦菜、小白菜等；冬季的“青”选择菠菜、莴笋尖等。除此之外，小面店不同，煮面的师傅不同，所使用的配料也不同，如将花生碎改为油酥豌豆或油酥黄豆，将葱花改用韭菜末，或使用葱花、韭菜末各一半，又或将榨菜粒改为芽菜粒或咸菜粒。

其次，因物而宜还表现在对原料品质的控制上。比如，辣椒要选色棕红、皮层厚、干燥、辣度符合要求的；花椒要选用开口、无籽、麻味醇正、香气浓郁的。制作臊子时，选择泡椒、泡姜要选取入坛泡制一年以上、味道醇厚的使用；红烧牛肉一定要选牛腹肋或牛腱子肉制作；杂酱一定要选猪前夹眉毛肉制作；肥肠一定要选当天宰杀猪的新鲜大肠制作；炽豌豆一定要选颗粒均匀、无虫蛀、色浅黄的豌豆制作，等等。正是注重了对原材料的把关，才使重庆小面数十年来魅力依旧。

此外，因物而宜还体现在油

脂的使用上。重庆小面为增加成品的香润口感，常用熟猪油作为底油。熟猪油熬好冷却后会凝固发硬，师傅煮面打佐料时，会舀上一小坨猪油扣在碗边。这种做法在二十世纪四五十年代最为常见，有些食客甚至非得看到这坨猪油才安心，认为这表示该店的食材货真价实。随着生活水平的提高，人们的饮食习惯也有所改变，不再喜油腻。这一勺白生生的猪油，在夏季天热时尚且容易融化，但在其他三个季节，特别是冬季，面汤和面条的温度不能将猪油完全焐化。食客见到未融化的猪油，会觉得发腻，而且未融化的猪油香气也不足，达不到最佳的味觉效果。于是，有的小面店家就在每天开店前，将猪油熬化，然后加入用姜片、葱节炼制过的菜籽油，制成混合油，用作小面底油。这种油，在动物油脂的香气之外还增加了植物油脂的香气，并且不再凝固，可谓一举两得。

重庆小面的因地而宜主要体现在重庆各地区不同的面条口味上。民谚有云："十里不同风，百里不同俗。"虽然同属重庆辖区，但各地也有其自己的饮食习惯和饮食特色，这也表现在面条的口味上，如荣昌的铺盖面，奉节、涪陵的挞挞面，城口的格格面和腊炕面，垫江、梁平的月母子面，石柱的蚕豆面，丰都的烧椒面等。

其次，因地而宜还体现在各地不同的小面臊子上，如万州地区的杂酱臊子，除了甜酱，还加入了豆瓣酱；江津地区的杂酱臊子除了肉末以外，还加入了当地的老咸菜末和豆腐干末等。

此外，重庆各地区小面调料的细微变化也体现着因地而宜，如开州、万州地区的小面调料中，加入了山胡椒油等当地特产，使其与周边区县的小面口味相区别，更加具有特色。

碗中山川，一面如画。世人评价重庆小面，说它名字里有"小"，却能量很大，"小"中有乾坤，"小"中有魅力。正是重庆小面具有的这些特点，使它能从故乡走向四方，闻名华夏。

重庆小面使用的调料(佐料)

很多人说，重庆小面“吃面就是吃味道，吃面就是吃佐料”。的确，一碗重庆小面，之所以有着如此大的吸引力，最重要的因素就是其在调味上的注重和考究。十余种具有不同“身份”的佐料，在一碗面中扮演着各自的角色，通过相互间的君臣佐使，各司其责、各显其能，渗透、对比、组合出了重庆小面的独特魅力。

只有认识和了解了重庆小面所用佐料的性质和性能，精准择料、严格把关，才能为一碗美味地道的小面打好坚实基础。

辣椒

辣椒属茄科植物，原产南美洲热带地区，于明代传入我国。明代高濂所撰《遵生八笺》中有“番椒丛生，白花，果俨似秃笔头，味辣色红，甚可观。”的记载。此书成于1591年，距今已有四百多年的历史。据学者研究，辣椒最初传入江浙、两广、湖南、江南等地，后又传入西南、西北地区。

川渝地区食用辣椒的时间稍晚，直至清嘉庆年间的《四川县志》中才有了当地栽种辣椒的记载。川渝地区普遍栽种并开始食用辣椒也是嘉庆年间的事情。四川大学历史系和四川省档案馆主编的《清代乾嘉道巴县档案选编》中记载，地处川黔交界处的南川盛产辣椒。清咸丰元年增修刻本《道光南川县志》卷五“土产、蔬菜类”中也有“地辣子”（辣椒）的记载。

川渝地区辣椒的大量栽种应

在清朝末期。当时川渝地区称辣椒为“海椒”，至今这种叫法仍然存在，正如明朝人称辣椒为“番椒”一样，“海”与“番”，道出辣椒来自海外异国。当时四川文人傅崇矩编撰的《成都通览》中，提到的辣椒品种就近20种，书中记载的大红袍海椒、朝天子海椒、钮子海椒、灯笼海椒、牛角海椒、鸡心海椒等，仍然是目前有栽培的辣椒优良品种。

辣椒传入我国的时间不长，传入巴蜀地区的时间则更短，却发展得最快、使用得最广泛，这与巴蜀地区的自然环境和气候条件有着直接的关系，也与当地先辈和先厨巧用辣椒后烹制的大量美味佳肴有关。清末文人徐心余在《蜀游闻见录》中就有“惟川人食椒，须择其极辣者，且每饭每菜，非辣不可”的记载。这说明，川人食用辣椒一直都有选择性食用的习惯。

辣椒因产地和品种不同会产生强弱各异的辣度。为了统一评估辣椒的辣度，美国科学家韦伯·史高维尔经过多年分析研究，在1912年第一次制定了评判辣椒辣度的单位，就是将辣椒磨碎后，用糖水稀释，直到感觉不到辣味，这时的稀释倍数就代表了辣椒的辣度。为了纪念史高维尔，人们就以他的名字命名辣度指数，即“史高维尔指数”（SHU, Scoville Heat Unit）。现在SHU指数已经成为了被普遍使用的辣度单位，但其大多是在对辣椒进行研究及工业化食品生产时使用，而在现实的烹饪中，先辈厨师通过长期不断了解和认识了辣椒的味感后，在具体操作实践中摸索、总结出选择、使用辣椒的一般规律和特殊规律，根据广大食客对辣味的接受能力和嗜好要求，产生出极辣、较辣、微辣、香辣（煳辣）、酸辣、鲜辣、清辣等口感层次，然后将这些层次感通过特定的菜品或就餐形式表现出来，以此满足食客在“吃辣”上的需要。重庆小面中的麻辣小面就是以香辣（煳辣）这个层次去演绎辣味的。

干辣椒在未经过加工之前，是没有气味的，但当它与高温油接触后，会产生出一种诱人的煳辣香气。这种香气是油的温度对辣椒进行焦化所致。辣椒焦化的程度与油的温度有直接关系，因此，准确掌握油温是香气产生的关键。

我国的辣椒品种繁多，产地主要集中在四川、贵州、云南、湖南、湖北、河南、河北、新疆、陕西、海南、山东等。不同产地、不同品种的辣椒在色泽、皮层、厚度、辣味和经脂溶后产生的香气等方面都有一定的区别。

重庆小面使用干辣椒时会根据各地产干辣椒的优点进行选择。目前主要选用的辣椒品种有二荆条辣椒、灯笼椒、七星椒、新一代辣椒、石柱红辣椒、满天星辣椒、印度椒等。

二荆条辣椒

二荆条辣椒主要产于四川地区，具有皮薄、肉厚、籽少、颜色红亮、辣度适中、香味厚重的特点。

灯笼椒（子弹头椒）

灯笼椒主要产于贵州地区，因为形状短粗似灯笼而得名，具有色泽棕红发亮、辣度较强、经脂溶出香的特点。

七星椒

七星椒主要产于四川、重庆、云南等地区，具有皮层厚而籽少、辣味较强而纯正、辣而不燥的特点。

新一代辣椒

新一代辣椒在河南、河北及全国各地均有种植，具有色泽暗红、辣度适中、经脂溶后易出香气的特点。

石柱红辣椒

石柱红辣椒主要产于重庆地区，具有色泽红亮、皮层较厚、籽少、辣度较强、经脂溶后香气深厚的特点。

满天星辣椒

满天星辣椒主要产于贵州地区，具有体形均匀饱满、皮层厚、色泽红润、辣味醇正的特点。

印度椒

印度椒主要产于印度北部，具有色泽红、个头小、辣度极强的特点。

除了以上七种辣椒以外，炼红油辣子时厨师也可采用其他辣椒。厨谚道："善择料者如握有开门之钥匙，善烹调者方能满堂生辉。"厨师正是通过对每一种辣椒色、香、味的认真考量，制作出具有特色、引人食欲的红油辣子。

花椒

花椒属芸香科植物，原产于中国东西部，现在全国很多地方均有出产。花椒因其果皮上细密突出的腺点呈斑状而得名，在我国食用历史悠久，最早作为祭祀之物。在两千多年前的《离骚》中就有"巫咸将夕降兮，怀椒糈而要之"的记载，说的是巫咸神将于今晚降临，要准备花椒饭供奉他。在三国时期，花椒已经被当作调味品使用了。三国时期，吴国的陆玑在《毛诗草木鸟兽虫鱼疏》中写道："今成皋诸山间有椒谓之竹叶椒，其状亦如蜀椒，少毒热，不中合药也。可著饮食中，又用蒸鸡肠最佳香。"这是关于花椒能作为调味品的最早记载。东汉末年刘熙的《释名·释饮食》中有"馅炙，馅，衔也。衔炙细密肉，和以姜椒盐豉，已乃以肉衔裹其表而炙之也”的记载。唐代段成式的笔记小说集《酉阳杂俎》卷七“酒食”中也记载有“……曲蒙钧拔，遂得超升绮席，忝预玉盘。远厕玳筵，猥颁象箸，泽覃紫腴，恩加黄腹。方当鸣姜动椒，纡苏佩椴。轻瓢才动，则枢盘如烟；浓汁暂停，则兰肴成列……”还记载有：“……隔冒法、肚铜法、大犸炙、蜀捣炙、路时腊、棋腊……”“蜀捣炙”指的是将花椒作为调味品之一使用的烧烤菜品。晋朝《华阳国志·蜀志》称，蜀人“尚滋味，好辛香”，辛香中就包括了花椒的作用。

据专家研究，我国古代烹饪食谱中有四分之一使用了花椒，而从北魏到唐代，使用花椒的菜品比例在逐年增大，但从明末清初以后，我国除巴蜀之外，使用花椒的菜品数量便开始明显减少，这可能与辣椒的传入以及胡椒的开发使用有关，而此时的巴蜀地区人民却更为普遍地在烹调菜品时使用花椒。

经化学分析，花椒所含的芳香主要来自花椒精油（芳香油的一种），属于分子小，易挥发的物质，由芳樟醇、桧烯、香叶醇、橙花椒醇、乙酸芳樟酯等十余种成分组成。而花椒的辛麻味感来自于花椒中所含的花椒麻味素成分（α-山椒素、β-山椒素、γ-山椒素、α-山椒酰胺）以及具有挥发性的辣薄荷酮、棕榈酸等。花椒麻味素等物质刺激舌面及口腔黏膜所产生的麻痹感觉，能够刺激神经、扩张血管、产生兴奋感，使人两颊生津，神清气爽，胃口大开。

巴蜀地区的地理条件使花椒的品种更加多元，主要分为红花椒和青花椒两大类。实践告诉我们，花椒的香气和麻味会因产地、品种、品质、干燥度、保管时间长短和保管方法不同而有所差异。重庆小面主要使用干花椒，使用时会视其风味的良莠进行按需择优选用。常用品种有大红袍花椒、小红袍花椒、九叶青花椒、金阳青花椒等。

大红袍花椒

产于四川阿坝州的茂县、松潘，甘孜州的康定等地的大红袍花椒，含有柚子皮香味；产于四川雅安汉源、凉山州越西、喜德盐源等地的大红袍花椒，含有柳橙皮香味。其具有色泽红润、颗粒大、开口多、籽少油重、香气浓、麻味突出的特点。

小红袍花椒

产于四川凉山州会理、德昌、甘洛等地的小红袍花椒，含有柑橘皮香味。其具有色泽红润、颗粒适中、籽少油重、香气较浓、麻味醇正的特点。

九叶青花椒

产于重庆江津、酉阳、璧山等地的九叶青花椒，含有柠檬皮香味。其具有色泽润绿、颗粒适中、结构扎实、饱满均匀、香鲜并重、麻味强的特点。

金阳青花椒

产于四川凉山金阳的青花椒，含有类似莱姆（东南亚地区产无籽柠檬）皮的香味。其具有色泽暗绿、颗粒结实、香气重、麻味感强的特点。

姜

姜，又名“生姜”，属多年生草本植物，常作一年生作物栽培。我国先民食用姜的历史十分悠久，在周代已有栽培生姜的记载。《礼记·内则》有“楂梨姜桂”。《吕氏春秋·本味》有“和之美者，阳朴之姜……”汉代有人因大量种姜而发家致富。《史记·货殖列传》曾有“及名国万家之城，带郭千亩亩钟之田，若千亩卮茜，千畦姜韭：此其人皆与千户侯等”的记载。北宋王安石，在其《字说》中曰：“姜作疆，御百邪，故谓之姜。”元代，人们栽种生姜有“姜够本”的说法；当时的农村也有“养牛种姜，子利相当”的谚语。

由于姜的大量栽培及普遍使用，它与人类结下了不解之缘。孔子曾言：“不撤姜食，不多食。”唐李商隐有“蜀姜供煮陆机莼”的诗句。北宋文学家秦观也曾写道：“先社姜芽肥胜肉。”宋代刘子翚《园蔬十咏·子姜》中将生姜形容得惟妙惟肖：“新芽肌理腻，映日净如空。恰似匀妆指，柔尖带浅红。”

人们在长期食用姜之后，逐步了解到姜对人的身体健康有益，对某些疾病有辅助治疗的功效。宋苏轼在《东坡杂记》中记载了这样一件事：“予昔监郡钱塘，游净慈寺，众中有僧号聪药王，年八十余，面色红润，目光迥然，问其所能，盖诊脉知吉凶，如智缘者。自言服生姜四十年，故不老。云姜能健脾温肾，活血益气。”

明代医药学家李时珍所编写的《本草纲目》中列出了数十种用生姜治疗疾病的方法。其中的“姜辛而不荤，去邪辟恶，生啖熟食，醋酱糟盐，蜜煎调和，无不宜之。可蔬可和，可果可药，其利博矣”将生姜的药用及食用效果说得十分清楚。

中医总结出生姜具有治疗风寒感冒、解表散热、止咳化痰、解毒止泻、促进胃液分泌、提高食欲等功效，故在民间有“早吃三片姜，赛过喝参汤”“早姜夜萝卜”“冬吃生姜，不惧风霜”“冬吃萝卜夏吃姜，不用医生开药方”等谚语。

现代科学研究发现，姜中含有姜酮、姜醇、姜酚、姜油萜、姜烯、枸橼醛、水芹烯、柠檬醛、芳芝麻油等油性挥发物，正是这些挥发性成分使姜产生出辛香、辛辣的味道。为了尽可能释放出姜的辛香和辛辣，重庆小面在调味时，常将姜洗净去皮剁细（绞茸）后用冷开水调兑成姜汁水使用。

葱

葱，又叫菜伯、和事草、

芤，为百合科葱属多年生草本植物。《本草纲目》有言：大葱又称菜伯。《本草纲目》云："葱从囱。外直中空，有囱通之象也。芤者。草中有孔也，故字从孔，芤脉象之。葱初生曰葱针，叶曰葱青，衣曰葱袍，茎曰葱白，叶中涕曰葱苒。诸物皆宜，故曰菜伯，和事。"

我国先民食葱的历史悠久。《诗经·小雅·采芑》中就有"朱芾斯皇，有玱葱珩"的文字，描写玉色翠绿如葱。庄子曾曰："故春月饮酒茹葱，以通五脏。"我国古代第一部词典《尔雅·释草》载有："茖，山葱。"晋代郭璞作论曰："茖葱生山中，细茎大叶，食之香美于常葱，宜入药用。"说明当时供食用的葱不止一种。《山海经》载："又北百一十里，曰边春之山，多葱、葵、韭、桃、李。"《后汉书·章帝纪》云："葱岭，在敦煌西八十里，其山高大多葱。"古人形容美女手指也常以葱为喻，如汉乐府长诗《孔雀东南飞》中的"指如削葱根，口如含朱丹。纤纤作细步，精妙世无双"。南北朝的《齐民要术》中还详细记述了葱的种植方法。

传说，用葱制作的"葱汤"还受到宋朝理学家朱熹的喜爱。清代褚人获纂辑的《坚瓠集》中就记录了此事。宋时，朱熹去看女婿蔡沈，女婿不在家，女儿便用葱汤、麦饭款待了他。饭后，女儿觉得饭菜过于简单而心中不安。朱熹则不以为然，为此特地留下了一首诗，诗曰："葱汤麦饭两相宜，葱补丹田麦疗饥。莫道此中滋味薄，前村还有未炊时。"

葱作为烹饪原料，常被人们用于佐餐、调味、做菜、做点心。比较有名且传播较广的菜品有葱油酥、葱花饼、葱酥鱼、葱烧牛筋、家常牛肉丝等。山东人有喜欢用烙饼与葱蘸酱食用的习惯，故当地有谚："大葱蘸酱，越吃越胖。"上海人喜欢阳春面，面出堂时撒上一点火葱细花，葱与滚烫的筒骨汤一接触，葱香汤鲜，非常诱人。北京人喜欢吃烤鸭，一张薄饼包上一片烤鸭、一束葱丝，蘸上甜酱，一口下去，脆爽香甜。重庆人喜欢吃河水豆花，豆花的味碟中也少不了细葱花增加香气。

葱对人体的保健作用不可小觑。人们通过长期食用葱，逐步知道了葱具有味辛、性温、入肺胃经、发表、通阳、解毒等功效。《医林纂要探源》指出葱“生用则外行，泡汤则表散，熟之则守中”。李时珍在《本草纲目》中曰：“葱，……故所治之症多属太阴、阳明，皆取其发散通气之功，通气故能解毒及理血病。”

现代药理研究发现葱所含有的葱辣素既可由呼吸道、汗腺排出，具有一定刺激作用，故能解表发汗；又可由尿道排出，故能通小便。除此之外，现代药理研究还发现葱能降血脂、血压、血糖，降胆固醇；能“活血”，即防止血栓形成。研究还表明，大葱中所含的挥发性葱辣素对痢疾杆菌、链球菌、白喉杆菌、结核杆菌、阴道滴虫等具有抑制和杀灭的作用。

除此之外，现代科学研究发现葱含有胡萝卜素、硫胺素、核黄素、尼克酸、维生素、二烯基硫醚、棕榈酸、纤维素、原果胶、水溶性果胶等有益成分。葱还能保持身体代谢平衡，是“常补丹田”，使人“活血气顺”的最佳食材之一。北方民间有“常食一株葱，九十耳不聋。劝君莫轻慢，屋前锄土种”的谚语。

葱含有的葱辣素具有较强的挥发性，能产生出一定的辛香和辛辣气味。重庆小面根据“葱是细的香”这一常识，特别选择小葱（又叫火葱）作为增香促辛配料。为了使葱的辛香味能快速释放，还将小葱切成葱花使用。

蒜

大蒜，又名胡蒜、卵蒜，为百合科葱属多年生草本植物，原产于亚洲西部地区，自汉代张骞通西域后始传至我国中原一带栽培，后大半个中国地域均有栽种。称其为大蒜，是为了区别于原产于我国的体小似卵形的小蒜。

在我国民间有一个谜语是这样的：“兄弟七八个，围着柱子坐，只要一分家，衣裳都扯破。”此谜语的谜底就是大蒜。

自人们认识大蒜之后，很快便视其为佐餐佳物。《尔雅翼》中说它“杀虫鱼之毒，摄诸腥膻”。《本草纲目》称它：“夏月食之解暑气，北方食肉面尤不可无……”唐代苏敬等人编修的《唐本草》赞美大蒜“此物煮羹臛为馔中之俊”。元代王祯在《农书》中也赞美蒜：“按诸菜之荤者，惟宜采鲜食之，经日则不美，唯蒜虽久而味不变，嫩茎（蒜苗）亦可为蔬……味久不变，可以资生，可以致远，化臭腐为神奇，调鼎俎，代醯酱，携之旅途，则炎风瘴雨不能加，食餲腊毒不能害。”

我国先民使用大蒜，除了取其蒜香之外，还常用它去除肉食中的膻臊气味，取其解毒防病之功效。历代本草在这方面记述不少，《本草纲目》载：“其气熏烈，能通五脏，达诸窍，去寒湿，辟邪恶，消痈肿，化症积肉食，此其功也。”其功效主要表现为：味辛，性温，入脾胃、肺经，暖脾胃，清症积，除风湿，杀毒气，治痢，祛寒痰，化肉食等。

多年来，大蒜的食疗功效受到世界上很多国家的重视，科学家们对它进行了深入的研究，取得了令人欣喜的成果。如大蒜所含有的阿霍烯是一种天然的血液稀释剂，其中含有的烯丙基硫醚化合物是一种有效的防癌物质。大蒜还是动脉血管的救星，它具有帮助动脉血管硬化逆转的功能。大蒜能增强人体的免疫功能，据科学家们的研究显示，大蒜不仅能增强巨噬细胞的活性，而且能刺激淋巴细胞和天然杀伤细胞的增殖，促进干扰素的合成，从而提高人体抗癌和抗病毒感染的能力。难怪人们称大蒜为“地里长出来青霉素和天然的广谱抗菌素”。有诗这样赞美大蒜：“夏月食之能解暑，啖肉吃面不可无。任你炎风并瘴雨，常食能驱百蛊毒。”

实验证明，大蒜还具有降低胆固醇、降血压、抑制血小板凝聚、杀灭病菌等作用。正因为大蒜所具有的这么多功效和作用，世人视它为能够延年益寿的“济世良药”。

大蒜用于烹饪时，生熟大蒜的食用口感是截然不同的，故在烹饪行业中有“生葱熟蒜”的说法。生蒜含有蒜辣素等挥发性成分，其辛辣味感完全得到呈现；而过油并且烧软的熟大蒜，已经失去了辛辣味感，大蒜中的蒜辣素等挥发性成分溶于油脂，可以压腥、去异。

重庆小面调味时，选用外形完整，蒜瓣饱满，剥开发亮，辛辣味重的当年产大蒜。使用方式是将生大蒜剥皮剁细，用冷开水调兑成蒜汁水。大蒜剁细后与空气接触时间一长就会氧化，产生出馊臭的异味。因此，最好是每天用多少调兑多少，调兑后没有用完的一定要倒掉不用，盛装蒜水的器皿每天用后一定要清洗干净，以避免异味残留。

酱油

酱油的酿制发明应当感谢栽培历史悠久的植物大豆和小麦。有关酱油的记载始见于东汉。东汉大尚书崔寔著《四民月令》中说："正月可作诸酱……可以作鱼酱、肉酱、清酱。"文中提到的"清酱"，就是现在的酱油。

北魏贾思勰在《齐民要术》中也记载有"作豆酱法"。宋代欧阳修《唐书·百官志》中有"掌醢署有酱匠二十三人、酢匠十二人、豉匠十二人"，文中可以看出唐朝时期制酱业生产已经初具规模了。

宋代，正式将清酱、豆酱等称呼改为"酱油"。南宋晋江人林洪在《山家清供》中记载："韭菜嫩者，用姜丝、酱油、滴醋拌食……""春采笋蕨之嫩者，以汤沦过，取鱼虾之鲜者同切作块子，用汤泡裹蒸熟，入酱油、麻油、盐、研胡椒同绿豆粉皮拌匀，加滴醋……""嫩笋、小蕈、枸杞头，入盐汤焯熟，同香熟油、胡椒、盐各少许，酱油、滴醋拌食。"从林洪对这三个菜品烹制过程的描述看，在宋代，酱油用作调味料已经较为普遍了。

到了明、清两代，有关酱油制法的记载则更加详细。明代李时珍所著《本草纲目》中的"酱"字条下有"豆油法"的记载。明崇祯六年戴羲编撰的《养余月令》、清初顾仲的《养小录》、清中叶李化楠的《醒园录》均记载了酱油的酿造方法。

经过上千年的实践，人们利用自然微生物进行制曲，逐步摸索出酿制酱油在选料、制曲、发酵、提油，酿造地气候，酿造节令等方面的经验，依靠节令变化，利用太阳能量进行天然晒露发酵。这些传统的酱油酿制方法在有些地方作为非物质文化遗产得到了保留并且被发扬光大。

二十世纪三十年代初，微生物科学家开发酱油种曲成功以后，我国的酱油生产发生了质的改变。自二十世纪五十年代起，我国先后推出了一系列以优良米曲霉进行纯种制曲生产的酿制酱油。优良菌种的研发和使用，大大提高了酱油生产的卫生条件和技术水平，酱油的质量也得到了很大的提高。随着科学技术的发展，现在又在单一纯种制曲的基础上研发出多菌种制曲发酵的新工艺，使酱油的品质和风味有了更大的进步。

用黄豆、小麦等粮食类原料酿制酱油，其发酵过程中会生成多种氨基酸和糖类，经过复杂的生物化学变化，形成其特殊色泽、香气、鲜醇、咸度。酱油是重庆小面整体口味的基础。正确使用酱油，才能使小面咸鲜适口。

质量好的酱油应具备咸度适宜、鲜味醇正、酱香浓郁、色泽褐黄、酱汁浓稠的特点。

目前市场上供应的酱油分酿造酱油和兑制酱油两大类；在酱油的包装形式上，早年常见散装酱油已经不复存在了，取而代之的是桶装、袋装和瓶装三种形式。任何厂家生产的酱油都必须标注所用配料、生产日期、保质期、贮存条件、质量等级等。

醋

我国食醋的历史十分悠久，至今已有两千多年的历史。西汉元帝时代的史游在《急就篇》中就记载有“芜荑盐豉醯酢酱”。文中的醯、酢指的就是醋及带酸味的汁。东汉许慎《说文解字》：“醋，客酌主人也。”东汉崔寔著《四民月令》中说：“（五月）五日可作酢。”《隋书·酷吏传》中有“宁饮三升酢，不见崔弘度”的话。

真正将整个制醋过程用文字进行总结的，是北魏人贾思勰所著的《齐民要术》。他在序中写道：“今采摭经传，爰及歌谣，询之老成，验之行事，起自农耕，终于醯醢（酱醋），资生之业，靡不毕书。”《齐民要术》中详细记载了如“秫米神酢法”“粟米、曲作酢法”“回酒酢法”和“神酢法”等共计20余种制醋方法。其中“大麦酢法”记载：“簸讫，净淘，炊作再馏饭。掸令小暖如人体，下酿，以杷搅之，绵幕瓮口。三日便发。……八月中，接取清，别瓮贮之，盆合，泥头，得停数年。”现在我国北方有的地区仍然采用此法制醋，如著名的山西老陈醋就是采用高粱、小麦、豌豆等用此法酿制而成。除此之外，我国各地用粮食酿制的醋也各具特色，如用糯米、大米、麸皮等酿制的江苏镇江香醋，用小麦、玉米、大米、麸皮、高粱、荞麦酿制的四川保宁醋等。

醋的酸味主要源于其主要成分醋酸解离时产生的氢离子。酿造好的醋中含有丰富的碱性氨基酸、糖类物质、B族维生素、维生素C，丰富的无机盐、矿物质，以及多种有机酸，等等。

吃小面时，凡要用醋，食客都是按自己需要，想放多少就放多少。它不是重庆小面调料中的必选项，但仍扮演着不可替代的特殊角色。在选择醋时，不能因为其不属于小面的必备调料而忽视它。

目前市场上供应的醋，除了少数是配制醋以外，几乎都是用粮食原料加工的酿造醋。醋的品种和风味也会因生产厂家的不同、加工流程的不同，以及酿制时间的长短不同而有一定的区别。

质量好的醋应具备醋香宜人、酸味醇正、余味绵长、甘鲜浓郁、色泽褐棕的特点。

与酱油类似，市面上已少见散装醋售卖，一般为桶装醋、瓶装醋、袋装醋。同样，任何厂家生产的醋都必须标注其配料、产品标准号、食品生产许可证编号、质量等级、生产日期、保质期、贮存条件等。

韭菜

韭菜，百合科植物。《说文》曰：“韭，菜名。一种而久（生）者，故谓之韭。”元代王祯在《农书》中称韭菜为“长生韭”，他认为韭菜“剪而复生，久而不乏也，故为之长生”。我们的祖先根据韭菜多年生的属性，以及其“剪而复生，历久不衰”的特征，称其为“韭”。

我国栽培韭菜的历史极其悠久，距今已有4000多年，在我国最早的天文历法著作《夏小正》中，有“正月囿有韭”的记载。在《诗经·国风·豳风·七月》中有“四之日其蚤，献羔祭韭”的记载，说明在先秦时代人们就用韭菜、羔羊去祭祖了。

韭菜因其碧绿的色泽和独特浓郁的香气，一直以来被视为佳蔬，历代文人墨客更是对其称赞有加。唐代诗人杜甫在《赠卫八处士》中咏韭：“夜雨翦春韭，新炊间黄粱。”宋代诗人苏轼在《送范德孺》一诗中写下了“渐觉东风料峭寒，青蒿黄韭试春盘”的赞美之辞。元代诗人许有壬评价韭菜：“气较荤蔬媚，功于肉食多。浓香跨姜桂，余味及瓜茄。”

韭菜中除了含有一定量的蛋白质以外，还含有多种维生素、胡萝卜素以及钙、磷、铁、钾等多种营养成分。韭菜还具有温中开胃，行气活血，补肾助阳，调和脏腑等功效。《本草经疏》载：“韭，生则辛而行血，熟则甘而补中，益肝、散滞、导瘀是其性也。”明代著名医药学家李时珍称韭菜为“乃菜中最有益者也”。

韭菜本不属于调味品，多以辅料的形式出现。烹调时主要利用其色、香为主料服务。但制作小面时，韭菜有三个用途：一是捣茸取汁和面制成面条；二是切节作小面臊子的辅料；三是切末与葱花一样作调料用。

食盐

盐，化学名氯化钠。因其曾主要产于巴东地区，盐又叫“盐巴”。

盐所产生的咸味乃百味之首，我们的祖先正是依靠发现并利用了盐，才使“烹”成为“烹调”。古人称盐为“国之大宝”，它大能调人生百味，小能调一日三餐，难怪世人有“早起开门七件事，柴米油盐酱醋茶”之感叹。盐始终与饮食文化的演变相伴相随，是饮食文化孕萌、衍展的基因和传承的密码。

盐，根据产地和加工方式分为岩盐、海盐、池盐、井盐，根据适用范围又分为工业用盐和食用盐（又叫食盐）。经过加工的食盐有不含碘盐和含碘盐两种。现在市场上供应的食盐主要是含碘盐。

食盐是烹调中不可或缺的重要调味品。《吕氏春秋·本味》说，“和之美者”中的一项是“大夏之盐”。《汉书·王莽传》言：“夫盐，食肴之将。”可见，食盐是组成菜肴味道最重要的元素之一。

食盐水溶液的浓度在 3%～5% 内变化时，人能够通过舌面味蕾上的细胞感知咸味浓淡，这一浓度区间，对于制作菜肴来说是适宜的。此外，烹制食物时，加入食盐后再添加谷氨酸钠（味精）或者肌苷酸钠之类的呈鲜味物质，可以使食盐的咸味减弱。这并非鲜味物质降低了食盐的咸度，而是两者共同产生出了新的复杂口味。因此，小面调料中使用了酱油或者食盐后，再加入适量的味精（鸡精）或含有谷氨酸钠的筒骨汤，就会使面条鲜味浓郁，咸味醇正。

食盐是重庆小面及其臊子制作的主要调味品。有的食客在吃清汤面时，还会主动提出只放食盐，不放酱油。

不同类别，不同产地的食盐在口味上有一定的区别，故应择优选用。产于四川自贡的井盐，因氯离子含量高达 99% 以上，纯度极高，被称为食盐中的上品，成为重庆小面商家的首选。

芝麻、芝麻酱

芝麻，亦称“脂麻”“胡麻”“油麻”，一年生直立草本植物。芝麻种子有白、黄、棕红或黑色之分。

芝麻原产于非洲，汉代传入我国。北宋科学家沈括所著《梦溪笔谈》中记述：“胡麻即今油麻……汉使张骞始自大宛得油麻种来，故名胡麻，以别中国大麻也。”《续汉书》曾记载：“灵帝好胡饼，京师皆食胡饼。”后赵王石勒讳“胡”，将其改为“麻饼”，也改“胡麻”为“芝麻”。说明芝麻之名，始于南北朝。

中医学认为，芝麻有补血、润肠、生津、通乳、养发等功效，适用于身体虚弱、头发早白、贫血、便秘、头晕、耳鸣等症。

芝麻酱是由芝麻经过筛选、

水洗、焙炒、风净、磨酱等工序加工而成。芝麻酱在重庆地区烹饪实践中主要用于调制蘸味碟，拌制凉菜等。它也是为重庆小面增味的一样重要调料。

整粒的白芝麻常被用于炼制供小面使用的红油辣子，即将洗净炒香的芝麻放于炒干捣末的辣椒里，再淋入热油出香。

重庆小面师傅们有一个约定俗成的习惯，就是在打干溜面和担担面的佐料时有意识地稍微多放一点麻酱，使麻酱能够裹在面条上，吃起来更加浓香。

味精

味精，即谷氨酸钠，其主要成分是由蛋白质分解出来的氨基酸，是烹饪中常用的增鲜调料。

1908 年，日本东京帝国大学化学教授池田菊苗发现了味精。

味精最初由天然食物材料抽取，之后从面粉的蛋白质水解中取得，近期主要以葡萄糖、果糖和蔗糖为糖源，经特别筛选的味精生产菌种吸收代谢后合成。

1923 年，由“味精大王”吴蕴初先生出技术，张逸云先生出资的重庆天厨味精厂生产出国产的天厨鲜味精。

天厨味精曾作为唯一的重庆产味精统领重庆烹饪市场。由于当时加工条件有限，每生产 1 公斤味精需要 20 公斤小麦面粉，故味精显得十分精贵，当时是作为奢侈调味品来使用的，小面佐料中几乎看不到味精的影子。后来，天厨味精的生产工艺得到了改进，产量大大提升。现在，味精已经是重庆小面最重要的增鲜调料。

鸡精

鸡精属于现代科学发展的产物，是复合调味料的一种。鸡精的基本成分是味精（含量在 40% 左右）、助鲜剂、糖、鸡肉粉、香辛料、鸡味香精等。

鸡精的鲜味主要来自味精及呈味核苷酸二钠等鲜味料，虽然问世的时间不长，但有后来居上的趋势。由于其原料的成本较高，因此市场价格高于味精，属中、高档调味品。一些品质不高的鸡精产品里没有任何鸡肉成分，而是利用食用香精调出鸡鲜味，加上淀粉加工而成。因此，选用鸡精时应谨慎选择正规厂家产品，并仔细阅读成分列表。

榨菜

据史料记载，榨菜始创于光绪二十四年（1898年），至今已有百余年的历史。榨菜最初由一个在“荣生昌”酱园打工的匠人邓炳成制成。他利用涪陵荔枝乡邱家院子当地出产的青菜头（芥菜），仿照腌大头菜的方法，经改良后制成榨菜。榨菜加工时需剖开青菜头，挂在江边木架上让河风吹干半天，然后用盐腌渍，待腌渍完成，淘洗后修剪整齐，用木榨榨干水分，再拌上自贡井盐、山柰、八角、砂仁、白扣、辣椒，装坛密封。因其加工过程采用木榨榨干汁水，故得名“榨菜”。

自1915年开始，榨菜的生产逐步推广到丰都、忠县、巴县（巴南区）、长寿等长江沿岸11个县市，其中以涪陵榨菜为代表，是食品工艺宝库中的优秀遗产。

榨菜以脆、嫩、鲜、香四大特色驰名中外，与德国甜酸甘蓝、法国酸黄瓜并称“世界三大咸菜”。

经专家测定，榨菜中含有蛋白质、脂肪、糖、粗纤维、无机盐、钙、磷、胡萝卜素等营养成分。

肥厚茎粗的青菜头是加工榨菜的原料，以每年立春前的五天到雨水前后为加工青菜头的最佳时期。随着国内国外榨菜需求量的不断增加，榨菜的生产规模、生产流程得到了很大的改进，不少地区已经采用“盐脱水”替代了“风脱水”，或以“盐脱水”和“风脱水”共存的方式进行生产。经过一系列技术挖掘和革新改造，榨菜的加工已经进入技术成熟与发展阶段，增加了麻辣、咸甜、五香等各种口味的榨菜，增加了片、丝、丁、末等不同刀口形状的榨菜，增加了大、中、小型包装的榨菜品种，以适应更多食客的选择。

将榨菜末用于小面，其目的是借助榨菜的香味和咸味使小面味道丰富；同时借助榨菜的脆爽增加小面的口感变化。

宜宾芽菜

四川宜宾，古称叙府，故所产传统特产芽菜又被称为叙府芽菜。宜宾芽菜以其质嫩条细，色泽黄亮，甜咸可口，味道清香的特点而享誉全国。

据考，宜宾芽菜源于四川南溪。道光二十一年（1841 年），南溪县横江酱园工人肖明全，在县城西北部一个糖店内，将当地盛产的“一平庄”芥菜的嫩茎划成细条，经晒干，腌制成咸菜。这种方法于 50 多年后传入宜宾，到了 1904 年，芽菜已被列为南溪、宜宾两地的特产。

宜宾芽菜经历了两次较大的工艺改进。1921 年，宜宾县嘉禾乡农民赖荣辉在原有腌制芽菜工艺的基础上，经过反复试制，发现在腌制芽菜时添加了红糖，可使其味道咸中带甜，更加鲜美。他将这种新口味的芽菜运到宜宾城摆摊出售，受到欢迎。随后，嘉禾乡燕子门腌菜匠人黄大顺，又在加入红糖腌制的芽菜基础上，将红糖熬成糖汁，腌制时与花椒、八角等香料一起拌入，使芽菜形成甜咸可口，醇厚香浓的特点，跻身于四川著名特产的行列。

宜宾芽菜因其脆爽、甜咸、香浓，常被用于制作担担面、燃面和重庆小面，成为不可或缺的调料之一，受到广大食客的认可和喜爱。

花生

花生，亦称“落花生”“长生果”，是一年生豆科草本植物。明朝徐渭《渔鼓词》云：“洞庭橘子凫茨菱，茨菰香芋落花生。娄唐九黄三白酒，此是老人骨董羹。”诗中的“落花生”就是花生的旧名。

花生在我国的栽培历史悠久。据考证，元代养生家贾铭的《饮食须知》和明代兰茂撰写的《滇南本草》中都有花生的记载。在江西修水山背文化遗址和浙江省湖州市钱山漾遗址中，都曾经发现炭化的花生种子。

花生不仅营养丰富，还有一定的医疗价值。清代医学家赵学敏在《本草纲目拾遗》中称花生仁“味甘气香，能健脾胃，饮食难消运者宜之”。花生还具有开胃、健脾、润肺、祛痰、清喉、补气等功效。根据现代药理研究和临床应用，认为花生还有降压、止血和降低胆固醇的作用。

花生通过油酥、炒制或盐酥后具有微甜、酥脆、油香的特点。

重庆小面在二十世纪七十年代以前，是不放油酥花生粒的，后来有些小面师傅发现，在滑溜柔软的面条中加点酥脆油香的花生粒，除了可以产生口感变化，还能增加香味。

制作重庆小面，一般将酥脆的花生剁碎成不规则的颗粒使用，而不用整粒花生，这样做的目的——一是视觉上不突兀，二是便于食用。

重庆小面调料的加工和调制

重庆小面调料分为三类：一类为已经加工或酿造好的调料，如食盐、酱油、麸醋、芝麻酱、味精、鸡精等；一类为需经过刀工处理或加工的调料，如老姜、大蒜、韭菜、小葱、榨菜、芽菜、花椒等；还有一类为需要过火处理的调料，如辣椒、芝麻、花生等。

红油炼制

在重庆小面调料加工技术中最为重要的就是红油辣子（简称红油）的炼制。

红油，系干红辣椒经脂溶后形成的具有浓郁辣香味的特制调味油脂，因油色棕红发亮而得名。

红油是重庆小面不可或缺的主要调料，对重庆小面的口味形成有着极为重要的作用。红油质量的高低会直接影响到重庆麻辣小面的调味效果。因此，掌握炼制红油技术是制作重庆小面的必备技能。

自从重庆小面开始使用辣椒，红油就与其结下不解之缘。俗话说："膏药是一张，各有各的熬炼。"此话用在重庆小面红油的炼制上也恰如其分。炼制红油的技术也随着厨师们制作经验的积累而逐步完善，发展出多种方法，呈现出多种特色，为广大食客提供了特色鲜明的味觉感受。

一、辣椒的选择

炼制红油，首先离不开对干辣椒的选择。随着辣椒品种的改良、生长环境和引进移植等因素的变化，现在市场上干红辣椒的品种已达数十种之多，这些辣椒品种在色泽、辣度、皮层厚度、干燥度等方面皆有不同。哪几种干辣椒适合炼制红油，需要厨师通过反复的炼制积累经验，再结合食客的反馈意见来确定。

从二十世纪五六十年代开始，红油辣子的品种就已不止一种。目前用于制作重庆小面的红油辣子可被分为三种类型：煳辣香型、浓烈辣型、较辣香型。每种类型在炼制红油辣子时，选择的辣椒品种和品种间的比例，都有所不同。

目前，大多数小面馆炼制红油时会组合选用二至三种辣椒。煳辣香型红油选择灯笼椒、二荆条和石柱红椒；浓烈辣型红油选择子弹头椒、七星椒、新一代椒等；较辣香型选用石柱红椒、灯笼椒、新一代椒等。

二、各椒的投入比例

通常情况下，各小面馆的红油辣子都有其“秘方”，但总的来说，炼小面红油必须选择两种以上的辣椒是大多数小面馆的共识。

常见的辣椒品种比例为以下几种：灯笼椒四成、二荆条椒三成、石柱红椒三成；灯笼椒五成、石柱红椒三成、新一代椒二成；灯笼椒四成、石柱红椒三成、七星椒三成；子弹头椒四成、七星椒三成、新一代椒三成；石柱红椒、灯笼椒各占五成。

这种认真而严格的择料、投料过程，是重庆小面红油的特点所在。经过大量实践，这些红油辣子配方具有其内在规律，并形成了符合质量要求的量化标准。煳辣香型的红油，选用灯笼椒的比例应稍重；浓烈辣型的红油，选择子弹头椒、七星椒的比例应稍重；较辣香型红油选择二荆条椒的比例应稍重，等等。

三、辣椒的炕制

干辣椒在用于炼制红油之前，一定要加工成末。因辣椒中含有一定量的油脂，如果直接加工成末，往往效果不佳。我们的先辈发现，只有将干辣椒经过必要的焦化之后再加工，制成的辣椒末才能既易于磨成末，又能产生出独特的焦香。

炕制干辣椒的方法有以下几种。

1. 用少量油煸炕

净锅置火口上，掺油少许，烧热，放入辣椒节，用小火将辣椒煸炕至椒体微微发煳，色泽棕红，冷却后，用手一搓能碎即可。这种方法最为常用。

2. 直接干锅炕制

净锅烧辣后关闭火源，放入辣椒节不停翻炒，使辣椒微微变色，冷却后用手一搓能碎即可。这种方法能够保持辣椒本身的香气，效果甚佳。

3. 直接用明火烧制

将干辣椒放于燃烧后有余热的柴火炭上进行烧制，待辣椒烧制呈色泽深棕微发黑，冷却后用手一搓能碎即可。这种方法使辣椒焦化程度偏重，焦香味浓郁。

4. 电烤箱烤制

将辣椒节装入电烤箱的烤盘中，将烤箱预热至 110℃，再将辣椒节送入烤箱内进行烤制。烤制时，需根据辣椒的体积和皮层厚度控制好烤制的时间。各种烤箱火力不同，所以应随时观察辣椒受热的程度。烤制时间不够，辣椒焦化程度低，焦香不足，加工时也不易成末；烤制时间过长，辣椒过于焦化，会发煳产生苦味。辣椒烤制至色泽呈棕红色，刚刚焦化，即可取出碾末。

5. 油炝制法

锅中根据辣椒分量掺入植物油，油一入锅，辣椒节随即入锅，用小火炝制，随着锅中油的温度慢慢升高，辣椒随油温逐步焦化，待辣椒呈棕红色时关火，将辣椒节捞起，冷却后用手一搓能碎即可。炝辣椒的油要保留于锅中，炼制红油时使用。

脱水、焦化干辣椒的注意事项

1. 为了保证红油的质量，应对所选辣椒分品种进行炕制。切忌将不同品种辣椒一同入锅，这样会因辣椒体积大小的不同和皮层厚度的差异而产生焦化不够或过度焦化的现象。

2. 辣椒焦化过程中要稳控火候，并不时翻动，以使辣椒受热均匀、焦化程度一致。

3. 随时观察辣椒焦化的程度，保证其色泽、香气均达到最佳效果。

4. 焦化辣椒前应事先对干辣椒进行去蒂、剪节、去籽等粗加工处理。

四、辣椒末的加工

辣椒末的加工方式有石臼舂制、石磨磨制、手搓、手工机磨、电动机磨等，可根据制作者自身的情况决定。现将各方法的特点介绍如下。

1. 舂制

这是重庆地区传统的辣椒末加工方法。采取这种方法的主要优点是辣椒在石臼中能够均匀受力，其内含的呈香物质在舂制过程中被挤压出来。虽然这种方法的加工效率不高，但成品的使用效果却是最好的。现在，重庆不少有名气的小面馆为了制作出质量好、味道香的红油辣子，仍然坚持用这种方法加工辣椒末。

2. 石磨磨制

这也是重庆地区常见的辣椒末加工方法，即将焦化的辣椒节用石磨加工成末。采用这种方法，需要使用特制的石磨，其磨齿较深，齿纹清晰，这样才易将辣椒磨成末。

3. 手搓制作

将炕制后完全脱水的辣椒节，用戴上手套的双手搓压成末。手工搓压的辣椒末虽较为粗糙，但香气较佳。

4. 手工机磨

将炕制出香味的辣椒节用手动式小型磨绞器磨压成末。这种方法效率相对较高，虽单次操作的加工量仍然不大，但能满足一般小面馆的使用。

5. 电动机碾

将炕制出香味的辣椒节放入特制的磨压机内，通过磨轮转动或电动棒碾压，加工成末。这种方法的优点是效率高，而且由于机器的高速碾压，能将辣椒中的呈香物质挤压出来，保持香气，但成品色泽和香味较为普通。

辣椒末加工的注意事项

1. 应根据炼制红油的需要掌握好辣椒末的粗细，不能太细或太粗，以芝麻粒至米粒大小为度。

2. 辣椒末应即用即磨，避免辣椒打成末后存放时间过长而香气流失。

3. 同属一锅红油的不同辣椒，应分别进行碾磨加工，不然会因辣椒皮层不同造成碾制的效果不一致。

五、红油炼制

用热油炼制辣椒末，是制作红油辣子的最后步骤，也是最重要的步骤。红油是辣椒末由一定油温的植物油焦化而成。油温的高低对红油的炼制十分关键。

方法一

材料：灯笼椒末 120 克、石柱红椒末 80 克、新一代椒末 80 克、老姜片 30 克、大葱节 50 克、菜籽油 1500 克。

炼制：净锅置火口上，掺入油，用中火将油烧至 220℃，下入姜片、葱节，炸至姜片、葱节受热干缩焦透后捞起。关火，待油温降至 190 ~ 200℃时，将油舀入装辣椒末的容器内，边舀入油边搅动，使辣椒末受热均匀，舀完后加盖，冷却后即成。

方法二

材料：灯笼椒末 100 克、二荆条椒末 100 克、七星椒末 80 克，拌匀后用两个容器将其各装入一半；老姜片 30 克、大葱节 50 克、菜籽油 1500 克、白芝麻 40 克。

炼制：净锅置火口上，掺入油，用中火将油烧至 220℃，下入姜片、葱节炸至干缩焦透后捞起。将油锅端离火口，待锅内油温降至 200℃，将油舀一半入第一个容器内，边舀入边搅动；待锅内油温降至 180℃时，放入芝麻快速搅匀后，舀入另一个容器内，冷却后将两个容器的红油倒入一个容器内即成。

方法三

材料：干石柱红椒节 100 克、干七星椒节 100 克、干新一代椒节 80 克、老姜片 30 克、大葱节 50 克、菜籽油 1500 克。

炼制：净锅置火口上，掺入油，放入干辣椒节，用小火将油慢慢加温，待锅中的辣椒变成棕红色后关闭火源，将辣椒节捞起，冷却后加工成末。然后将火源打开，下姜片、葱节炸至完全干缩焦透后捞起，待油温升至 150℃时，再次将辣椒末放入油中不停搅动至油温升至 200℃时关闭火源，冷却后即成。

方法四

材料：新一代椒末 80 克、石柱红椒末 100 克、灯笼椒末 100 克、大葱节 50 克、姜片 30 克、菜籽油 1500 克。

炼制：净锅置火口上，掺入油，用中火将油烧至 220℃，下姜片、葱节炸至完全干缩焦透后捞起，关闭火源，待锅中油温降至 140℃，放入辣椒末，重新打开火源，用小火进行炼制，并随着油的升温不停炒制，待油温升至200～210℃，再次关闭火源，冷却后即成。

方法五

材料：灯笼椒末100克、石柱红椒末100克、新一代椒末80克、老姜片30克、大葱节50克、草果3克、白扣2克、陈皮3克、八角3克、桂皮3克、菜籽油1500克。

加工：将白扣、陈皮、八角、桂皮洗净后晾干，草果洗净晾干，锤碎。

炼制：净锅置于火口上，掺入油，用中火将油烧至220℃，下姜片、葱节炸至干缩焦透后捞起，关闭火源，待油温降至210℃时放入各种香料微炸，随即将油舀入装辣椒末的容器内，边舀入边搅动，使辣椒末受热均匀，冷却后拣去香料即成。

方法六

材料：石柱红椒末120克和子弹头椒末120克（装入同一个容器）、老姜片20克、干姜片15克、大葱节20克、干葱头15克、紫草50克、菜籽油1500克。

炼制：净锅置火口上，掺入油，用中火将油烧至220℃，下姜片、葱节炸至完全干缩焦化后捞起，然后下干葱头、干姜片、紫草，待油温降至180℃时，舀入装辣椒的容器内，边舀入边搅动，冷却至第二天后拣去干葱头、干姜片、紫草，加盖后置于干燥通风处，存放数天，至其色泽红润发亮即成。

此红油不单独作为小面的调味料，而是配合其他种类的红油使用，主要起增加面条红润色度和光泽度的双重作用。此红油可以弥补其他红油香味足够却色泽较弱的缺点。制作小面佐料时，先放入其他红油，再放入此红油，可以使面条的色泽更加红润。

炼制红油的注意事项

1. 掌握好油与辣椒末的比例，以油500克、辣椒末100～120克为宜。如辣椒末过多，椒多而油少，则红油过稠；如辣椒末过少，则红油香、辣味不浓。

2. 生菜油入锅后不要马上搅动，应在锅中油的泡沫消退后再搅动，避免因提前搅动而生油气褪不尽。

3. 舀油入容器时应逐次舀入并及时搅动，以使辣椒末受热均匀。

4. 油全部舀入后应加盖，使热油能够充分与辣椒末接触。

5. 因辣椒中含有的辣椒素具有挥发性，经过高温焦化，能产生出一种特殊香气，但油温过高会使焦化过度，味道发煳发苦；油温过低又会使焦化不到位，香气出不来。所以，油温是辣椒焦化的关键，炼制时应注意随时观察，及时调控，以达到最佳效果。

6. 红油炼制好后，其香气会随着时间的推移而逐步减弱，因此，炼制好的红油放置时间不宜过长，以炼制后的第二天使用为好。

红油在重庆小面中起到润滑、调色、增香、调味的作用。红油的香型多种多样，但不管是哪一种香型，其质量的高低会直接影响到重庆小面的成品质量。

花椒的加工

重庆小面之所以能够享誉全国，正因为它使用了一种特殊的调味料——花椒。正是花椒，造就了重庆小面与众不同的口味。

一、花椒的选择

目前重庆市场上供应的花椒主要分为两类。一类为红花椒，品种主要有大红袍椒和小红袍椒。一类为青花椒，品种主要有江津九叶青花椒和金阳青花椒。这两类花椒各有优势：红花椒的麻香味更浓郁；青花椒香鲜并重，麻味强。

重庆小面中使用的花椒，需根据花椒品种的产地、色泽、麻度、香气、干燥度等因素进行认真选择。只有花椒的质量得到保证，小面调味的效果才能达到。

制作小面佐料时可以选择只用一种花椒，也可以选择混合两种花椒。如只选用一种花椒，一般多为红花椒，如四川汉源、茂县，陕西韩城等地产的大红袍花椒。如选用两种花椒混合调味，能产生出别有风味的麻香感，具体比例各有区别，按厨师自身经验和店家特色调配，有的店用七成红花椒加三成青花椒；有的用六成青花椒加四成红花椒；有的用红花椒、青花椒各一半，等等。

二、花椒末的加工

重庆小面商家几乎都是购买花椒粒自行碾末。由于加工后的花椒末极细，故称之为“花椒面”。

1. 石磨磨制

这是传统的花椒面加工方法，采用磨齿较深、齿纹清晰的石磨，才易将花椒磨成极细的末。

2. 手工机磨

用手动式小型搅拌器或粉碎器将花椒加工成末。这种方法虽一次性加工量较少，但仍可满足一般小面店家日常使用。

3. 电动机磨

采用特殊机磨进行磨制，此法一次加工量较多，磨制的花椒面细且均匀。

花椒末加工的注意事项

1. 应选择干燥的花椒进行加工，这样容易磨细成末。在磨制前可以进行必要的干燥处理，如用一个铁锅烧热后端离火口，然后在锅内放一张干净白纸，将花椒倒于纸上，利用纸传递的余热进行干燥处理。

2. 花椒末最好需用多少磨制多少，以避免因磨制成末之后放置时间过长而使香气、麻味减弱。如需一次加工较多，应在磨制成末以后用塑料袋装好并封口牢实，每天用多少开袋取多少。

3. 花椒末以细如沙粒且均匀为好。手工磨制花椒时，如果第一次碾磨得不够细，可再次磨制。

姜、蒜的加工

老姜、大蒜中所含有的挥发性物质能产生诱人的嗅觉和味觉感受，是重庆小面中产生辛香和辛辣双重作用的调料，它们虽不起眼，却在重庆小面的调味中起综合作用。

一、姜、蒜的选择

根据老姜、大蒜品种的产地、色泽、味感、香气等因素进行选择。

（1）老姜以外形完整，皮无皱、无霉变、色浅黄、辛香辛辣味浓的为好。

（2）大蒜以外形完整，蒜瓣饱满，无霉变，辛辣味浓的为好。

二、老姜、大蒜的加工

（1）老姜洗净后刮净外皮，剁细、舂制或绞蓉，制成泥。

（2）大蒜剥去外皮，切去蒜蒂，剁细、舂制或绞制成泥。

（3）将老姜泥、大蒜泥按各一半的比例装入容器内，掺入多于80% 的冷开水，搅匀成姜蒜汁。

（4）老姜泥装入容器内，掺入多于 100% 的冷开水入内、搅匀后成姜汁；大蒜泥装入容器内，掺入多于 30% 的冷开水入内，搅匀后成蒜汁。

老姜、大蒜加工的注意事项

1. 加工老姜、大蒜的墩子及加工器具应洁净，避免污染。

2. 加工好的姜泥、蒜泥应用干净的专门容器盛装，遮盖严实后，及时放入冰箱内保存，每次用多少取多少，姜蒜汁兑制后易变味，应避免一次兑制过多，造成放置时间过长而变味。

3. 兑制好的姜蒜汁应离火口稍远，防止温度过高引起变质。

4. 兑制好的姜蒜汁或姜汁、蒜汁，如果当天没用完要倒掉，不能留作第二天使用，用过的容器应洗净并完全抹干。

5. 姜、蒜汁可分别加水兑制，供顾客按个人口味取用。

葱的加工

一、葱的选择

重庆小面选用小葱（火葱）作为调料使用。

二、葱的加工

小葱清理根须残叶后用清水洗净，晾干水分后切成葱花。

葱的加工的注意事项

1. 葱含有的葱辣素会在刀口切断处产生一定程度的挥发，所以葱花应随切随用。

2. 一部分重庆人吃面，喜吃生葱，即在面条煮好后将生葱花撒入，吃时拌入面中。这就要求小面店家在葱的加工过程中特别注意葱的清洗以及墩子、刀具、盛装器皿的清洁卫生。

3. 葱洗干净后最好用能沥水的容器摆放，等待至充分沥干后再行切花，这样做既可延长葱的放置时间又可减少被污染的机会。

酱油的兑制

酱油在重庆小面中有着调节基本口味和增鲜两大功能。酱油质量的高低对整碗面起关键作用。

一、酱油的选择

现在市场上有售的酱油有数十种，如生抽、老抽、酿造、兑制等品种，以及桶装、袋装、瓶装等多种形式。小面馆应根据对某一种品牌的认知度进行选择，不能轻易变动，以保持小面成品的咸和鲜相对稳定。不论怎样，制作小面都应该选择咸度适中、鲜味醇正的酿造酱油。

二、酱油的兑制

随着现代工艺流程的进步，酱油的醇鲜度有了很大的提高，有的小面馆便根据这种情况，对各种酿造酱油的醇鲜度、浓稠度进行了对比，选择出质优价廉的两种或两种以上的酱油进行量化兑制，通过兑制增加其色泽、醇鲜度、浓稠度。

三、酱油的熬制

有些小面馆为追求调味的最佳效果，还对酱油进行了熬制。熬制酱油的方法很多，如在酱油中加入芫荽、洋葱、姜片等，用小火熬制，以增加酱油的香味和浓稠度，使之易于裹在面条上；又如在酱油中加入适量麦芽糖或少量香料，用小火熬制成红酱油使用，甜水面就采用此种酱油。

打小面佐料的技巧

重庆话里把调制佐料称为“打佐料”。

在重庆街头的小面店里，常见大师傅一手握碗，一手拿料勺，料勺在调料钵和碗之间飞舞，食客眼花缭乱，不及反应，十余种调料已经落入碗中，全凭大师傅娴熟的“手风”和准确的把控掌握。

“看得到的是技巧，看不到的是日常经验的积累。”只有依靠长期的辛勤努力，才能够真正做到打小面佐料时的“心中有哈数（尺度），手上有准度”。

1. 提前准备好各种调料

每天在面店开门营业之前，应对所有调料进行刀工处理、兑制、稀释等工作，如小葱切颗、榨菜切颗，花生铡碎，芝麻酱用麻油稀释，姜蒜末用冷开水兑制，猪化油熬化后与炼过的菜油兑制等。

2. 调料的摆放顺序

为方便打佐料，应将准备好的调料按投入顺序和方便顺手程度进行摆放，如装液体的调料钵放在第二排或右手边，装固体的调料钵放在第一排或左手边等。

3. 试味

在打调料之前应该对部分小面调料提前进行试味，通过试味对酱油的咸鲜，红油辣子的辣香，花椒的香麻等了解充分，然后再根据了解的结果掌握其用量，绝不能不经过试味凭感觉随意为之。

4. 掌握顺序

打小面调料时各种调料的投入顺序不是绝对的，而是相对的，打小面调料时多按先液体调料，再固体调料的顺序进行。但是为了使放入的调料分量准确，有经验的小面师傅采取的顺序为：首先放酱油，因此时的碗中没有其他调料，直接放入酱油就最容易把控好小面的最基本口味，然后是红油辣子，第三是油脂，第四是姜蒜汁水，这样做可以使呈液体的酱油、红油、油脂能够尽快地融合在一起；随后放入榨菜、花椒面、花生碎、味精、鸡精，最后放入葱花。

5. 调料放完后掺汤

掺汤的目的：一是通过汤的温度融化调料，二是可以调散调料。

6. 提前搅匀

为使各种调料能够充分融合在一起，达到调味效果，可以在佐料打好并掺入鲜汤后用竹筷搅匀。

7. 宁淡不咸

为了防止失误，打佐料应遵守“宁淡不咸”的原则，如果味淡，可采取加入酱油的方法解决；如果味咸了，虽然掺汤可以稀释咸味，但掺汤后会使其他调料的呈现程度不足。

8. 问客投料

打调料时一定要尽量满足食客的特殊要求，该添则添，该减则减。

9. 用工具进行量化投入

一些小面馆为保证小面佐料投量准确，特制了打佐料的用具，如特定容量的汤勺、小勺等。有的店铺为方便放花椒面，还特制了一种柄细长，口很窄的勺，只需轻轻一挑，花椒面就进去了。打小面调料的勺采取的是一料一勺，用量稍多的勺口大一点，用量较少的，勺口小一点，这样既易操作又不易串味。

10. 遮盖与收拣

小面馆的营业时间有着各自不同的安排，有的从早到晚全天候营业，有的则只在每天的早、中、晚食客就餐的高峰时间营业。小面馆过了高峰会有一段歇业时间，特别是下午，这段时间可以长达 3 小时左右。夏季时，如果任调料在这几小时内露放，苍蝇蚊虫可能在调料容器边上停留，对调料造成污染；另外，较高的室温会使部分调料（特别是姜蒜汁、葱花）中的微生物繁殖，造成变质，使晚上的营业受到影响。因此，在中午歇业后，应将容易变质的调料遮盖严实后放入冰箱存放，其余不易变质的调料也需要遮盖严实后原地摆放。

每天收堂后，应将剩余的姜蒜汁水和葱花倒掉，并将容器清洗干净、抹干，其余可以隔日使用的调料，需要保温的，应用保鲜膜遮盖严实后冷藏存放，不需保温的，置于通风处存放。

食用油脂在重庆小面中的使用

食用油脂是可供食用的动物脂肪和植物油的总称。重庆小面中使用的油脂，根据其性质可以被分为固态和液态两种。

固态油脂主要来自动物的体脂、乳脂等，常见的有猪油、牛油、羊油等；液态油脂主要来自油料作物的种子和果实，如菜籽油、豆油、玉米油、麻油、花生油、橄榄油、葵花籽油等。随着烹饪技术的发展，又产生出经脱色、脱嗅的色拉油和调和油等，丰富了食用油脂的品种。

重庆小面使用的油脂主要有猪化油、牛化油、菜籽油、色拉油、调和油、麻油等。

猪化油

猪化油用猪的板油（边油）或网油（脚油）熬炼而成，属于不干性油脂。猪化油中磷的含量为0.05%，不饱和脂肪酸中的硬脂酸为12%～16%，油酸含量为41%～51%，亚油酸含量为3%～8%，棕榈酸含量为25%～30%。猪化油磷含量少，色泽洁白，油酸含量高，因而滋味鲜香。

在小面中使用猪化油除了能使面条光滑发亮、避免面条粘连，使其润口滑爽之外，还能提鲜增香，提供营养。

制作重庆小面所使用的猪化油，必须选用新鲜的猪板油、猪网油或猪肥膘肉，用小火熬炼；熬炼好的猪化油要用洁净无水渍的容器盛装；熬一次猪化油以一周内能使用完为度，如放置时间过长，其中的油酸等物质会随着时间的推移成为微生物繁殖的温床，使油脂产生水解作用，从而失去香气和滋味。为了避免油脂的酸败，熬炼好的猪化油应加盖后置于低温阴凉处，最好是放入冰箱内存放。每天需用多少就舀出多少，然后经加热熔化后使用。为了缩短熬油的时间，使出油率较高，应事先将净边油、网油或猪肥膘肉绞蓉后再熬制。

牛化油

牛化油用牛的板油熬炼而成。属于不干性油脂，牛化油磷脂含量为 0.07%，不饱和脂肪酸中的硬脂肪为 24%～29%，油酸为 43%～44%，亚油酸为 2%～5%，棕榈酸为 27%～29%，肉豆蔻酸为 2%～2.5%。牛化油的油酸含量较高，香气滋味俱佳。

牛化油主要被用于制作红烧牛肉（牛筋）。红烧牛肉（牛筋）是臊子面的重要辅料。很多有经验的重庆小面师傅在制作红烧牛肉（牛筋）时，会使用菜籽油和牛油共同煵炒调料，利用牛油调味增香。

菜籽油

菜籽油用油菜种子压榨而成，属于半干性油脂。菜籽油含磷脂 0.1%，其主要脂肪酸组成为亚油酸 10%～20%，油酸 10%～35%，棕榈酸 2%～5%，亚麻酸 5%～15%，芥酸 25%～55%，花生四烯酸 7%～14%。菜籽油的色泽呈黄绿色是因溶解在油脂中的脂溶色素所致。

菜籽油主要被用于炼制重庆小面所需红油及烹制一部分小面臊子。目前市场上供应的菜籽油主要有三种：一种是以传统工艺自炒自榨的产品，一种为机械加工产品，还有一种是经过脱色处理的菜籽色拉油。传统工艺加工出的菜籽油色泽较深，油较稠，其含有的叶绿醇、叶绿酫，以及特有的芳香物质消耗较少，故香气浓郁，多被选用炼制红油。机械加工的菜籽油，色泽金黄，油较清亮，香气稍逊，多在煵炒杂酱及加工烹制臊子时使用。

为保证炼制红油的香气，厨师除了在辣椒的选择和对油温的控制上特别用心，还要注重油脂的选择。有不少小面馆还专门到油菜籽产地，采购以传统工艺榨取的菜籽油。

麻油

芝麻含油率较高，其加工出来的油就是麻油，因其有特殊香味，故又被称为香油。加工时，因榨取的方法不同，又分为香味差异比较明显的大糟油和小磨油。

重庆小面一般选用小磨麻油。经过选洗、锅炒、研磨、兑浆、搅油、震荡分油、撇油七个步骤（又称为“水带法”）出来的麻油才能称为“小磨麻油”。

重庆小面使用麻油主要是为了对芝麻酱进行稀释和增加香味。在使用芝麻酱之前，要用适量的麻油对其进行稀释，使其微稠而不过稠，从而易于与其他调料充分拌匀，增香效果更佳。

其他油脂

花生油、玉米油、葵花籽油、大豆油以及在这几种油的基础上所加工生产的色拉油、调和油，在重庆小面的臊子制作中均有使用。

小面中蕴藏大文章
小面中涌动大市场

第二部分

重庆小面的制作

重庆麻辣小面

重庆麻辣小面是重庆小面的核心，其他臊子面和特色面都是由重庆麻辣小面这个核心派生出来的。

重庆麻辣小面的灵魂就是“麻辣”，即辣椒、花椒。如果把麻辣小面比喻为重庆小面这支队伍中的“元帅”，红烧牛肉面、杂酱面、红烧肥肠面、豌豆面、泡椒鸡杂面就是五员“虎将”，其余的臊子面和特色面就像冲锋陷阵的“士兵”。不论重庆人、外地人，认识重庆小面都是从一碗麻辣小面开始的，最后上“瘾”的也是一碗麻辣小面。

特点：色泽红润，麻辣咸鲜，香气浓郁。

主料：碱水湿切面 150 克。

辅料：时令蔬菜 80 克、筒骨汤 50 克、猪化油 4 克、菜籽油 500 克（实耗 4 克）。

调料：酱油 15 克、红油辣子 30 克、花椒面 1.5 克、榨菜 4 克、芝麻酱 2 克、麻油 2 克、老姜 5 克、大蒜 5 克、洋葱 100 克、小葱 6 克、大葱 150 克、油酥花生米 3 克、味精 1 克、鸡精 1 克。

制作步骤：

（1）将蔬菜摘理洗净。

（2）大蒜、老姜分别捣蓉后用冷开水调成姜蒜汁水。

（3）榨菜切成末，油酥花生米铡成碎粒，大葱切成节后拍松，洋葱切成丝，小葱切成葱花。

（4）净锅置火口上，掺入菜籽油，用中火熬制至油沫已净时，放入葱节、洋葱炼制起锅，猪油熬化，然后将菜油与猪油兑成混合油。

（5）麻油与芝麻酱调匀。

（6）取面碗一个，放入酱油、红油辣子、花椒面、芝麻酱、混合油 8 克、姜蒜汁、榨菜末、花生碎、味精、鸡精、葱花，掺入筒骨汤。

（7）煮面锅掺水烧沸，放入蔬菜煮至断生捞于面碗中，然后放入面条煮至熟透后起锅挑入面碗内即成。

重庆担担面

担担面因别具一格的经营方式而得名。清道光二十一年（1841年），一个叫陈包包的自贡人，为谋生计，将全部煮面家什装入一副竹编的挑子（重庆话叫作“担担”）里，挑子的一头是鼎锅、火炉、煤炭、小风箱等，挑子的另一头是面条、调料、碗筷和其他杂物。

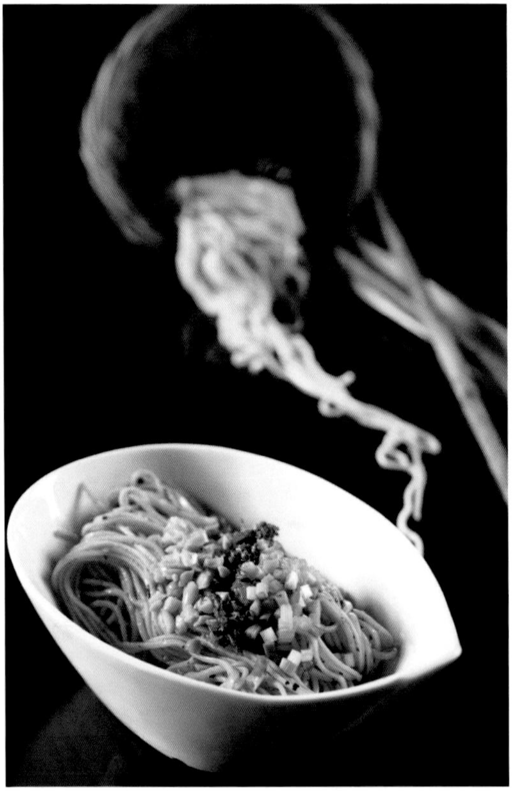

每天出门之前，他将“担担”两边的东西清点完毕，挑着就走，说停就停，甚是方便。后来，这种经营方式逐渐传开，挑担的队伍也慢慢扩大。不论“担担”用竹编成还是用铁皮做成，都采用木架做脚，而且“担担”的每一头都有四个支撑点，故又被称为“四脚落地”。

重庆地势陡峭，行走于背街小巷时，

常需爬坡上坎。在这些偏僻街巷，餐馆开不起来，却是担担面小贩养家营生，施展本事的天地。只要听到客人一声“煮碗面”的招呼，小贩马上答应“要得”，立即寻个平坦的坝儿卸担，然后以娴熟的动作拉起风箱，吹火，烧水，打佐料，下面条，片刻工夫，一碗香气四溢的面条便递到食客手上，食客站着就吃，吃完把碗一还，付钱了事，十分便捷。

由于担担面美味方便，时间久了，爱吃担担面的人也多了起来。他们中既有贩夫走卒、普通市民，也不乏西装革履的雅士和打扮入时的名媛。担担面的影响力渐渐扩大，卖担担面的小贩也不仅在梯坎步道间徘徊，他们开始在人流量大的路口、要道摆摊，甚至有了自己的店面。挑担的经营模式渐渐消失了，担担面却作为一道著名小吃流传下来。

特点：色泽红亮，细滑爽口，咸鲜麻辣，香气浓郁。

主料：碱水湿切面条 150 克。

辅料：豌豆尖 50 克、猪化油 5 克。

调料：酱油 15 克、红油辣子 30 克、大蒜 5 克、老姜 5 克、芽菜 3 克、小葱 6 克、芝麻酱 4 克、麻油 3 克、花椒面 1.5 克、味精 2 克、熟脆花生末。

制作步骤：

（1）将大蒜、老姜分别捣蓉后用冷开水调成味汁水，小葱切成葱花，芽菜洗净切成细末，花生末铡成碎粒。

（2）用麻油将芝麻酱调匀。

（3）取一个面碗，放入酱油、红油辣子、猪化油、花椒面、芽菜末、姜蒜汁水、芝麻酱、味精。

（4）煮面锅掺水烧沸，放入豌豆尖煮至断生，起锅挑入面碗内，然后放入面条煮至断生，起锅甩干水分，挑于豌豆尖上，最后将花生碎粒、芽菜末、葱花撒于面条上即成。

重庆臊子面

无论是净素面，还是加了臊子的荤面，在重庆都有同一个名字——小面。重庆人的耿直和豪爽性格，在这种有些“随便”的称呼中可以窥见一斑。麻辣口味的素小面固然最受欢迎，但风味别致的各种臊子面也为食客提供了更加丰富的选择。

渝菜地方风味浓郁，一菜一格、百菜百味，在满足食客需求的同时，又使重庆小面在素面基础上发展出了不少独具特色的臊子面。

重庆地区有数万家小面店铺，为了保证在激烈竞争中争得一席之地，每家店铺都有自己的特色臊子面。因其在烹制上的技术要求较高，小面店铺常雇请有多年经验、技术过硬的专人制作面臊子，以免其在质量和口味上出现差池。

“黄泥巴打灶，各师各教。”小面商家为了吸引顾客，往往声称自己制作的臊子有“秘方”。但面好不好吃，也只有通过食客舌尖上的那杆“秤”来评价。

小面师傅们不断追求面臊子的色、香、味、形、质，最终形成其店面特色，在小面“江湖”中闯出名号。这些由食客们口口相传的特色面，如同江湖人士的外号一般，骄傲地登上店面招牌，成为食客们心心念念想要一尝究竟的“传说”。其中比较著名的有：十八梯眼镜牛肉面、胖妹牛肉面、开半天猪耳朵面、豆花面、秋丘泡椒面、包包白专业牛肉面、花市豌杂面、泡椒鸭血面、姜鸭面、机场豌豆面、大众豌杂面、胖娃牛肉面、周氏牛肉面、罗汉肥肠面，等等。

既然是“传说”，就仅此一家，别处是吃不到的。名店门口总是大排长龙。小面“老饕”们为了吃一碗面，跋山涉水，远道而来，即使地坝为堂、板凳当桌也乐此不疲，到了面条卖尽，铺面打烊的时候，为吃不着面而伤心者大有人在。

有些会吃的食客嫌普通的臊子不够合口味，还要“私人订制”：如炽豌豆拌上杂酱，浇在面条上，叫作“豌杂面”；或者在杂酱面上扣一到两格（笼）的粉蒸羊肉或粉蒸肥肠，这个叫“格格面”；有的食客在吃红烧牛肉面时指定只要炽糯爽滑的牛筋，于是就有了“牛筋面”；同样是红烧牛肉面，有的食客不光要吃牛肉、牛筋，还要在面里加几块红烧肥肠，并为其取了个好听的名字，叫“三合面”。

重庆小面，讲究的就是一人一味。在店里吃成了熟客，进门喊一声“老样子”，店主就能心领神会。正是这花样百出的吃法，推动了重庆臊子面极大的发展。

重庆臊子面的三大类

1. 热销臊子面

重庆臊子面的“四大金刚”：杂酱面、红烧牛肉面、红烧肥肠面、粑豌豆面。这几种臊子面每家店都会供应，虽然各家在制作方法上有所区别，但名称是相同的。

2. 风味臊子面

具有店面特色的臊子面：泡椒牛肉丝面、煳辣鳝鱼面、姜鸭面、豆花面、红烧猪蹄面、回锅肉面等。这几种臊子面不是每家店都会供应，常常具有鲜明的店铺特色，体现了大师傅的出众手艺，是食客远道而来的“目标”。

3. 地域性臊子面

具有明显区县特色的臊子面：如羊肉格格面、腊肉面、泡椒菌菇面、煳辣酸菜鸭血面、烧椒面、水滑肝片面等。这一类臊子面种类繁多，常由区县传来，口味比较特殊、少见。随着重庆小面影响力日增，它们也逐步被食客发掘，成为重庆小面大军中的新生力量。

重庆小面臊子的加工方法分类

1. 提前预制，加热使用

此类面臊子已经通过前期烹饪加工成熟，只需再加热即可使用。重庆小面臊子大多数属于此类，如红烧牛肉、红烧肥肠、炟豌豆、红烧肚条、红烧猪手、红烧肉等。

2. 提前预制，现时加工

此类面臊子虽然已经通过前期烹饪加工成熟，但在每天面馆开门之前还要按需进行再加工。如提前炒制好的杂酱臊子要加鲜汤进行熬制，待汁水快干时放入水淀粉和面粉糊勾芡后再使用；提前卤制好的肉需要在面馆开门前切成薄片再使用等。

3. 现场烹制，即时使用

此类面臊子一般烹制所需时间极短，可在煮面的同时对面臊子进行烹调加工。在面条煮好时，臊子也烹制好了，将其舀在面条上即可，如泡椒肝片、肝腰合炒、水滑肝片、泡椒牛肉丝等。

红烧牛肉面

红烧牛肉面在重庆臊子面中的“点击率”最高。重庆的小面店铺中，擅长做红烧牛肉面的不少，其主要优势是牛肉质量好、块头大，风味有特色。

二十世纪三四十年代，很多江浙一带的人迁至重庆，因思念家乡美食，有人向小吃店的店主建议，能否做几样有江浙特色的臊子面，其中就包括用大块猪三线肉烧制的大肉面。大肉面一经推出，便受到江浙人的喜爱。

店主想，既然大肉面这样受欢迎，何不依照此法试制红烧牛肉面呢？红烧牛肉香气浓郁、色泽棕红、肉质软糯、口味醇厚，受众定然

更广。红烧牛肉面一经推出，不管是重庆人还是外地人，都赞不绝口，面店生意兴隆。很快，红烧牛肉面便成为重庆地区小面店必供的“打门锤”，怎么烧牛肉，也常被面馆老板当作“秘方”。用他们的话来说，这是“端饭碗”的手段，只能意会，不能言传。

重庆地区的红烧牛肉面可谓百花齐放，制作方法表面上看大相径庭，其实有一定规律。主要标准为：色泽红润、块形均匀，咸鲜微辣，香味醇厚、质地炬软。本书从众多的红烧牛肉臊子制作方法中选择了几种，供读者参考。

红烧牛肉制作方法之一

主料：牛腹肋（肋条肉）2000克（可供20碗面使用）。

注：相较于牛腿肉，肋条肉肥瘦相间，筋腱不多。另外，肋条上的脂肪一旦受热便会酯化，产生香味（有经验的厨师一旦发现肋条上的脂肪量不够，还会专门添加炼制好的鲜牛油，以补充香味）。

辅料：菜籽油150克。

注：选用当年产菜籽压榨的菜油，更具特殊香气。

调料：郫县豆瓣240克、老姜150克、二荆条干辣椒2克、大红袍花椒1克、冰糖3克、盐2克、八角（完整）4克、山柰（切片）2克、草果（拍松）3克、桂皮3克、香草2克、陈皮2克。

注：郫县豆瓣的品种很多，为了保证红烧牛肉的质量，应选择品质较佳的郫县豆瓣。郫县豆瓣应选色红干稠的，选择时要进行试味，看其咸度如何，在烹制时根据咸度增减用量，以避免伤味、缺味。此外，即使是同一厂家生产的同品牌豆瓣，也有酿造时间长短上的区别，酿造时间较长的豆瓣乳香味更加浓郁。

制作步骤：

（1）将牛肉洗净，用清水将牛肉淹没，浸泡出血水。

注：因牛血颜色较深，需要提前浸泡出血水，如果不经浸泡直接烹调，残留的牛血凝固后会发暗发黑，使烧出的牛肉呈深褐色，影响菜品

美观。同时，如果血水未漂净，也会影响成菜的口味。

浸泡时可以用手指挤压牛肉，加快血水的渗出。浸泡时要多加水，直至淹没牛肉，并根据水的颜色，及时更换清水。如果肉较厚实，可以用竹签戳若干孔后再进行浸泡。浸泡牛肉时不能急于求成，一定要浸洗至水已清亮方算完成。

（2）净锅置火口上，加入清水后随即放入牛肉进行汆煮。

注：汆肉的目的是使肉块定型，使之后改刀烹调的肉块刀口纹路一致，更为美观，也方便入味。汆水时要掌握好水量，以水淹没牛肉2厘米为度，如果水不能淹没牛肉，会造成牛肉受热不均匀，不易完全汆煮断生；如果水过多，虽然可以使牛肉受热均匀，成熟度一致，但牛肉在汆水的过程中一部分鲜味物质会流失于水中，所以汆水煮出的原汁应在烧肉时利用，水加太多会使原汁太淡。

牛肉汆水时会渗出血沫浮于汤面上，这些血沫带有腥味，因此应不停地撇去血沫。汆水完成后剩下的原汤需要完全撇去浮沫，去掉沉渣待用。

（3）牛肉汆煮断生后，需用温热水洗净表面血垢。

（4）将牛肉切成所需的形状（2~3厘米见方的块，或长约4厘米、宽2厘米、厚1.5厘米的块等），要求棱角分明，均匀断根。

（5）老姜刮洗干净，切成薄片；郫县豆瓣剁细后用30克生菜油搅匀稀释；干辣椒去蒂去籽，改刀成长2厘米的节；其他香料用清水洗净。

（6）净锅置火口上，加入生菜油，用小火烧至菜油泡沫散尽后关闭火源，待锅中油的温度降至140℃时重新开启火源，下干辣椒节煵至色呈棕红色时捞起，下花椒煵至出香捞起，然后下豆瓣煵至色红出香，再下姜片、香料煵至出香。

（7）将牛肉放入锅中，炒至牛肉完全上色，然后放入冰糖，炒匀起锅。

（8）将炒上色的牛肉放入高压锅内，加入原汤，以原汤淹没牛肉1.5~2厘米为度。

（9）将高压锅置火口上，下煵后的干辣椒、花椒，加入盐，加盖用中火烹制25~30分钟（具体时间根据牛肉的质地掌握）后，关闭火源或将高压锅端离火口，待高压锅减压完毕后倒出牛肉，拣去姜片、香料即成。

注：此法将牛肉块放入煵好的调料中炒制上色，烧制出来的牛肉色泽红润。

红烧牛肉制作方法之二

主料：牛腹肋肉 2000 克（可供 20 碗面使用）。

辅料：菜籽油 150 克。

调料：郫县豆瓣 100 克、老姜 150 克、大蒜 50 克、干辣椒 2 克、花椒 1 克、冰糖 2 克、味精 5 克、八角 4 克、山柰 2 克、草果 3 克、桂皮 2 克、香草 3 克、陈皮 3 克。

制作步骤：

（1）将牛肉清洗干净后，用清水淹没浸泡出血水。

（2）净锅置火口上，加入清水，放入牛肉进行汆煮，汆煮时要不停撇去浮沫。

（3）将汆水后的牛肉用温热水洗去血垢。

（4）将牛肉切成约 2 厘米或 2.5 厘米见方的块。

（5）老姜去皮切成薄片，大蒜拍碎，香料用清水洗净。

（6）净锅置火口上，加油烧至 140℃，下郫县豆瓣、大蒜、姜片、干辣椒、花椒、香料，煵至色红出香。

（7）将汆水时剩余的原汤加入煵制味料的锅中，用小火熬制 20 分钟后沥去料渣。

（8）将牛肉放入熬好的味汁中，下冰糖，小火将牛肉烧至八成𤆵时关闭火源，加盖焖 10 分钟，下味精拌匀即成。

注：此法系传统红烧牛肉制作方法——熬味打渣法，烧好的牛肉成品更清爽。

红烧牛肉制作方法之三

主料：牛腹肋肉 2000 克（可供 20 碗面使用）。

辅料：菜籽油 100 克、牛化油 50 克。

调料：郫县豆瓣 240 克、老姜 150 克、味精 5 克、白糖 2 克、八角 4 克、山柰 2 克、桂皮 3 克、草果 2 克，干辣椒、花椒适量。

制作步骤：

（1）将牛肉洗净，用清水淹没浸泡出血水。

（2）净锅置火口上，加入清水，放入牛肉氽煮至断生捞起，原汤撇去浮沫待用。

（3）用温热水洗净牛肉上的血垢。

（4）牛肉切成约 2.5 厘米见方的块，老姜切片。香料用清水洗净。

（5）炒锅置火口上，加入牛化油、菜籽油烧至 140℃，下郫县豆瓣、姜片、干辣椒、花椒、香料，煵至色红出香。

（6）将牛肉放入高压锅内，下煵好的味汁，加入原汤，烧沸后加压继续烹制约 12 分钟（可根据牛肉质地灵活掌握），将锅端离火口，待减压后揭盖，然后将牛肉倒入炒锅内，下白糖，用小火继续烧至牛肉𤆵软，拣去姜片、香料，下味精拌匀即成。

注：此法采取传统小火烧制和现代高压锅压制相结合的技法进行牛肉加工，既节省了烹调时间，又能使牛肉的口感更佳。

红烧牛肉制作方法之四

主料：牛腹肋肉 2000 克（可供 20 碗面使用）。

辅料：菜籽油 150 克。

调料：郫县豆瓣 240 克、老姜 150 克、大蒜 40 克、干红辣椒 15 克、花椒 5 克、八角 4 克、白芷 2 克、山柰 2 克、陈皮 2 克、草果 3 克、醪糟 50 克。

制作步骤：

（1）将牛肉洗净后用清水将牛肉淹没浸泡出血水。

（2）净锅置火口上，加入清水，放入牛肉氽煮至断生捞起，原汤撇去浮沫待用。

（3）用温热水洗去牛肉上的血垢。

（4）将牛肉切成约 2 厘米见方的块，老姜切成薄片，大蒜拍碎，其他香料用清水洗净。

（5）净锅重置火口上，加入清水，将改刀成块的牛肉放入清水中烧沸再次氽水后捞起（此次氽水的汤不留用）。

（6）净锅重置火口上，加入生菜油，用小火烧至油泡沫散尽后关闭火源，待锅中油温降至 140℃时重新开启火源，下干红辣椒、花椒、郫县豆瓣、姜片、大蒜、香料、醪糟，煵至色红出香。

（7）锅置火口上，将第一次氽水余下的原汤入锅，然后放入煵好的调料，兑成味汁，用小火熬制 20 分钟后沥起料渣，将料渣用纱布包成料包。

（8）将牛肉放入容器内，加入味汁将牛肉淹没，然后放入料包，放进蒸柜或上笼，一同蒸制 80～90 分钟（可根据牛肉质地灵活掌握）即成。

注：此法直接蒸制成肴，可使牛肉的刀口整齐方正，成菜汁浓味美。

红烧牛肉制作方法之五

主料：牛腹肋或牛腩肉 2000 克（可供 20 碗面使用）。

辅料：菜籽色拉油 750 克、牛化油 750 克、高汤（牛骨熬制）1000 克。

调料：郫县豆瓣 240 克、石柱红干辣椒 250 克（实耗 25 克）、新一代干红辣椒 250 克（实耗 25 克）、老姜 150 克、大蒜 60 克、花椒 10 克、盐 2 克、味精 5 克、八角 4 克、山柰 2 克、桂皮 3 克、陈皮 3 克、草果 2 克、香果 2 克、香叶 2 克、千里香 2 克、小茴香 2 克。

制作步骤：

（1）将两种干红辣椒去蒂，用沸水煮软后继续浸泡 30 分钟，捞起沥干，然后绞细，制成糍粑辣椒；香料洗净，老姜切成姜末，大蒜切成蒜末，豆瓣剁细。

（2）净锅置火口上，加入菜籽色拉油、牛化油，烧至 120℃，放入糍粑辣椒、豆瓣酱，煵炒至色红出香，然后放入姜末、蒜末、香料、花椒，炒匀起锅，制成底料。

（3）将牛肉清洗干净后用清水浸泡出血水。

（4）净锅置火口上，放入牛肉，加水将牛肉淹没，煮至牛肉断生，原汤撇去浮沫待用。

(5) 将牛肉切成约2厘米见方的块。

(6) 锅中加入牛骨高汤，放入牛肉，加入炒制好的底料，下入盐，先用中火烧30分钟，然后用小火烧30分钟（根据牛肉的质地掌握具体时间），待牛肉烂后下味精炒匀即成。

注：此法在调料中加入了糍粑辣椒，使成品色泽更加红亮，口味更加浓厚。因采用牛筒骨高汤烧制，其鲜香味特别醇厚。

红烧牛肉制作方法之六

主料：牛腹肋或牛腩肉2000克（可供20碗面使用）。

辅料：植物色拉油50克、牛化油100克。

调料：郫县豆瓣240克、石柱红干红辣椒250克（实耗25克）、新一代干红辣椒250克（实耗25克）、干青花椒2克、干红花椒2克、老姜150克、大蒜30克、料酒30克、老抽10克、冰糖5克、小茴香1克、八角3克、山柰2克、桂皮2克、香叶3克、甘草2克、孜然1克、陈皮3克、千里香1克、草果2克、玉果1克。

制作步骤：

(1) 用清水将牛肉洗净后用清水淹没牛肉浸泡出血水。

(2) 净锅置火口上，放入牛肉，加入清水淹没牛肉，放入料酒、老抽煮至牛肉断生捞起，原汤撇去浮沫待用。

(3) 用温热水洗净牛肉上的血垢。

(4) 将牛肉切成约2厘米见方的块。

(5) 混合香料，用磨碎机磨成粗沙状的粒；老姜切成薄片；两种干红辣椒去蒂，用沸水煮软后继续泡制30分钟捞起沥干，绞细制成糍粑辣椒；红花椒、青花椒洗净，用热水泡胀后捞起；郫县豆瓣剁细。

(6) 净锅置火口上，加入色拉油、牛化油，烧至130℃时放入冰糖炒成糖色，然后放入老姜、大蒜、糍粑辣椒、豆瓣，用小火炒至色红出香，再下花椒、香料粉，炒至出香，制成底料。

(7) 锅中加入原汤，放入炒好的底料，用小火熬制15分钟，制成味汁。

（8）用细漏勺将味汁中的料渣捞入纱布袋中，包成料包。

（9）净锅置火口上，加入味汁，放入料包，放入牛肉先用大火烧沸，然后用小火烧至牛肉𤆵软，捞起料包，下味精拌匀即成。

注：此法将香料事先加工成粗粒进行熬味，然后又将香料包成料包继续放入汤中进行烹调，这样能使香料的香味充分散发出来，成菜香味醇厚浓郁。

红烧牛肉制作方法之七

主料：牛腱子肉 1000 克（可供 10 碗面使用）。

辅料：菜籽油 80 克、牛化油 80 克。

调料：郫县豆瓣 120 克、大葱 100 克、老姜 80 克、花椒 2 克、料酒 30 克、冰糖 2 克、味精 5 克、八角 5 克、白芷 2 克、山柰 2 克、白扣 2 克、草果 3 克、香叶 3 克、甘草 2 克、陈皮 3 克。

制作步骤：

（1）将牛肉用清水洗净。

（2）将牛腱子肉平行于肌肉纹路从中间改刀成两块，用清水反复浸泡出血水。

（3）姜切成薄片，大葱切成节，郫县豆瓣剁细，香料用清水洗净。

（4）净锅置火口上，加入清水后放入牛肉，下姜片 20 克，下大葱段，加入料酒，用中火汆煮，汆煮过程中要及时撇去浮沫，煮至断生后捞起，原汤撇去浮沫待用。

（5）将牛肉垂直于肌肉纹路横切成约长 4 厘米、宽 2 厘米、厚 1.5 厘米的块。

（6）将改刀后的牛肉块用温热水洗去血垢。

（7）净锅置火口上，加入菜籽油、牛油烧至 140℃，下郫县豆瓣煵至色红出香，然后下姜片 60 克、香料、花椒炒至出香。

（8）净高压锅置火口上，放入牛肉，放入煵好的调料，加入原汤，烧沸后撇去浮沫，下冰糖，试味后加盖，用中火压制 20 分钟后关闭火源，继续焖制 10 分钟，出锅加入味精拌匀即成。

注：此法选用牛腱子肉制作。牛腱子肉的肌肉之间有质地类似牛筋的筋络，烧好后质地柔糯可口。此外，由于牛腱子肉的脂肪含量较少，烹制用油应采取牛油多、菜油少的比例，炒出的调料才能香味浓郁。

红烧牛肉制作方法之八

主料：冻牛排（机器切割）2000克（可供15碗面使用）。

辅料：牛化油50克、菜籽油60克、猪化油50克。

调料：郫县豆瓣240克、干红辣椒500克（实耗50克）、老姜80克、大葱80克、大蒜50克、花椒2克、味精2克、冰糖3克、八角3克、山柰2克、陈皮3克、草果2克、小茴香1克、甘草2克。

制作步骤：

（1）将牛排解冻后洗净，然后用清水淹没浸泡出血水。

（2）老姜切成薄片，大葱切节后拍松，郫县豆瓣剁细，大蒜拍碎。

（3）净锅置火口上，加入清水，放入牛排，下姜片30克，下葱段，用中火汆煮断生，原汤撇去浮沫待用。

（4）干红辣椒去蒂去籽，用沸水煮软后继续浸泡30分钟，然后绞细成糍粑辣椒；将香料和花椒用纱布包成料包。

（5）净锅置火口上，加入牛油、猪油、菜籽油，用小火烧至140℃，下豆瓣、糍粑辣椒，煵至色红出香，下姜片50克、大蒜，煵出香味，加入原汤，下冰糖，用小火烧至牛排八成烂时关闭火源，加盖焖至汤汁冷却，揭盖拣出料包，拣去姜片，加入味精拌匀即成。

注：此法采用牛排加工制作，系与时俱进的创新手法。因牛排经过机器切割，牛肉的筋络被横切至与其厚度一致，所以烧好的牛排质地松软，不塞牙。红烧牛排因体积较大，故有人称其为“巴掌牛肉”。

红烧牛肉面制作方法

主料：碱水湿切面条150克、红烧牛肉（已烧好）100克。

辅料：芫荽 5 克。

调料：红油辣子 10 克、花椒粉 1 克、大蒜 5 克、酱油 2 克、味精 1 克、鸡精 1 克。

制作步骤：

（1）将大蒜捣成蒜蓉，兑成汁。

（2）芫荽洗净，切成长 4 厘米的节。

（3）红烧牛肉煨热。

（4）取一面碗，放入红油辣子、酱油、花椒粉、味精、鸡精、大蒜汁。

（5）煮面锅加水烧沸，放入面条煮至断生起锅挑于面碗内，舀入带汁牛肉臊子，撒上芫荽即成。

注：红烧牛肉面还有一种做法叫“原汤牛肉面”，此种做法要求厨师在烧制红烧牛肉臊子时，除了要烧到更入味之外，还要多留一些汤汁，面煮好后将牛肉舀入碗内的同时，多加牛肉汤，依靠汤汁达到调味目的。

杂酱面

除了红烧牛肉面，最受重庆人欢迎的要数杂酱面。二十世纪三十年代中期，杂酱面就开始在重庆地区出现。

最初，杂酱面是为了迎合抗战时期南迁北方人的口味而推出的。杂酱面在重庆问世之初，参考了北京炸酱面的做法，用的是“炸酱面”的称呼。炸酱的“炸”指北京地区用油煵炒肉臊的传统烹制技法；炸酱的“酱”源于北方常用的烹饪调料甜酱（麦酱）。

随着时间的推移，一些面摊、面店将“炸”写成了“杂”，“炸酱”就变成了“杂酱”。这一是因为“炸”与“杂”同音，听起来相同，重庆人向来性格豁达，不太爱较真，就习惯性地认可了这一称

呼；二是因为杂酱面的佐料中有红油辣子、花椒、姜、葱、蒜等众多成分，各成分用量不同，稍有不慎就会“伤味”“缺味”。重庆人将“多”与“杂”联系起来，干脆就把这种面叫作“杂酱面”。

重庆人在制作杂酱面时，通过不断摸索和完善，逐步形成了自己的风格，加入了红油辣子和花椒粉等特色调料。重庆杂酱面的口味和形式已经与北京炸酱面有很大区别，其色泽棕黄，咸鲜微辣，酱香浓郁，酥软化渣，呈现出另外一番面貌。

重庆地区制作杂酱有若干种加工技法，现选择以下几种杂酱的制作方法供参考。

杂酱制作方法之一

主料：去皮猪前夹肉（又叫盖板肉、夹心肉）2000 克（可供 20 碗面使用）。

辅料：植物色拉油 140 克。

调料：老姜 80 克、大葱 150 克、白酒 30 克、甜酱 240 克、味精 4 克。

注：制作炸酱面臊子应选用色泽稍浅，稠度适中的甜酱。厨师要事先对甜酱进行试味，看咸度、甜度如何，根据其咸度、甜度掌握用量。如甜度不足，厨师可以酌量在酱料中加入白糖调拌均匀后使用，如果其过于干稠，可加入少量色拉油稀释后使用。

猪肉中含有一定量的脂肪，脂肪受热会分解出脂肪酸；白酒中含有乙醇。脂肪酸与乙醇相遇后会产生酯化反应，生成酯类芳香物质，使菜品产生馥郁的香气与醇和的滋味。

制作步骤：

（1）将肉洗净，先切片，再剁成绿豆大小的颗粒；老姜 50 克切成薄片，30 克切成细末；大葱洗净后切段拍松。

（2）净锅置火口上，加水 600 克，放入肉末，下姜片、葱节、白酒，用小火进行煮制。

注：本法直接用水煮制，是因沸水的温度最高为100℃，而油的温度可达300℃以上，如果直接用油煵炒肉臊，火力及油温掌握不当，很容易炒得过干，使肉质发硬。

（3）待锅中的汤汁收干九成后，肉末开始吐油，此时加入色拉油50克，续炒至汁水收干，肉臊开始变色时，再加入色拉油50克，继续炒制至肉臊色泽浅黄，质地酥软，然后拣去姜、葱，再次加入色拉油40克，下甜酱、姜末炒至色泽棕黄、酱香浓郁时，下味精炒匀起锅即成。

注：此法先用水煮后用油煵，可以保证肉臊的质地酥软，属于一种创新的杂酱加工方法。

杂酱制作方法之二

主料：去皮猪前夹肉2000克（可供20碗面使用）。

辅料：植物色拉油140克、筒骨汤200克、水淀粉140克。

调料：老姜120克、黄豆酱110克、甜酱120克、味精4克。

制作步骤：

（1）将肉切片后再剁成绿豆大小的颗粒，老姜切成细末。

（2）净锅中加油烧至130℃，放入肉粒、姜末，用小火煵炒至吐油，待其色泽浅黄、质地酥软后，下黄豆酱、甜酱炒至色泽棕黄、酱香浓郁，此时加入筒骨汤，用小火煮至肉末质地回软，下味精炒匀。

（3）用水淀粉勾芡，收汁至肉末吐油即成。

注：此法系传统的杂酱制作方法，因采用水淀粉收汁，可使杂酱色泽发亮，杂酱更容易裹至面条上。

杂酱制作方法之三

主料：去皮猪前夹肉2000克（可供20碗面使用）。

辅料：植物色拉油140克。

调料：甜酱240克、老姜120克、料酒50克、味精4克。

制作步骤：

（1）将肉切片后再剁成绿豆大小的颗粒，老姜切成细末。

（2）净锅置火口上，加入油烧至 130℃，放入肉粒、姜末，用小火煵炒至色泽浅黄、质酥吐油时，下料酒、甜酱，炒至色泽棕黄、酱香浓郁。

（3）将炒制好的杂酱装入容器内，上笼进行蒸制，使其质地回软化渣，然后下味精搅匀即成。

注：此法是传统制作杂酱技法之一，采取上笼回蒸的方法，可以最大限度保持杂酱的酥软口感。

杂酱制作方法之四

主料：去皮猪前夹肉 2000 克（可供 20 碗面使用）。

辅料：植物色拉油 140 克。

调料：大葱 200 克、八角 2 克、香叶 1 克、山柰 1 克、白扣 1 克、桂皮 2 克、甜酱 240 克、味精 4 克。

制作步骤：

（1）将肉切片后剁成绿豆状的颗粒；大葱切成节；香料用清水洗净。

（2）净锅置火口上，加油烧至 140℃，下香料、葱节炸至出香后捞去，锅中放入肉粒，用小火煵炒成肉臊，至质地酥软、色泽浅黄时下甜酱，炒至色泽棕黄、酱香浓郁，此时下味精拌匀即成。

注：此法在调味料中加入少量的香料，使其产生出酱香为主、五香为辅的味感，别具一格。

杂酱制作方法之五

主料：去皮猪前夹肉 2000 克（可供 20 碗面使用）。

辅料：植物色拉油 140 克、面粉 120 克。

调料：郫县豆瓣 100 克、老姜 120 克、味精 4 克、甜酱 120 克。

制作步骤：

（1）将肉先切片后再剁成绿豆状的颗粒；老姜切成末；郫县豆瓣剁细。

（2）净锅置火口上，加油烧至130℃，放入肉粒、姜末，小火煵炒至色泽浅黄、质地酥软后，下郫县豆瓣炒至色红出香，再下甜酱炒至酱香浓郁。

（3）将炒好的杂酱上笼蒸至质地酥软。

（4）将杂酱臊子重新入锅，放入用少量清水调匀的面粉糊，再次拌匀，收汁至臊子汁稠吐油，此时下味精拌匀即成。

注：此法在调料中加入了郫县豆瓣，使口味微辣回甜，酱香浓郁，并选用了以面粉糊收汁的方法，使收好汁的杂酱柔软，不松散、不吐水。

杂酱制作方法之六

主料：去皮猪腿净瘦肉2000克（可供20碗面使用）。

辅料：植物色拉油140克。

调料：老姜50克、甜酱160克、生抽24克、料酒50克、味精4克、鸡精1克、鲜汤适量。

制作步骤：

（1）将肉洗净后切成黄豆状的颗粒；老姜洗净刮皮后切成细末。

（2）净锅置火口上，加油烧至130℃，放入肉粒、姜末炒至酥软后下料酒、甜酱炒至出香，下生抽炒上色。

（3）锅中加入鲜汤用小火煮至肉粒酥软化渣，汁干现油时下味精、鸡精，拌匀即成。

注：此法采用净瘦肉制作，清爽不腻人，被称为“极品杂酱”。

杂酱制作方法之七

主料：去皮猪前夹肉2000克（可供20碗面使用）。

辅料：植物色拉油120克、鲜汤250克。

调料：郫县豆瓣100克、老姜60克、大葱200克、甜酱60克、黄豆酱60克、料酒50克、味精5克。

制作步骤：

（1）将肉改刀成厚1.5厘米的块；老姜30克切成薄片，30克剁成末；大葱切成节；郫县豆瓣剁细。

（2）净锅置火口上，加入水，放入肉块，下姜片、葱节、料酒，用中火煮至肉熟透捞起。

（3）将煮熟的肉切成绿豆状的颗粒。

（4）净锅置火口上，加油烧至130℃，放入肉粒、姜末，煵炒至酥软吐油时下郫县豆瓣炒至色红出香，然后下甜酱、黄豆酱炒至酱香浓郁时起锅待用。

（5）使用前，将炒好的杂酱入锅，加入鲜汤熬煮，下味精拌匀即成。

注：此法采取将生肉煮熟后再加工成颗粒的方式进行，肉粒均匀，质地酥软化渣。淋有这种杂酱的面在二十世纪六七十年代叫“臊子面”，现在也被吸收入杂酱面的队伍中。

杂酱制作方法之八

主料：去皮猪前夹肉2000克（可供20碗面使用）。

辅料：植物色拉油140克。

调料：老姜80克、料酒50克、胡椒粉4克、味精4克、甜酱200克、盐6克。

制作步骤：

（1）将肉切成绿豆状的颗粒，老姜舂成姜蓉。

（2）净锅置火口上，加入油烧至130℃，放入肉粒，用小火煵炒至色泽浅黄、质地酥软，之后烹入料酒，下姜蓉、胡椒粉炒匀，然后下甜酱炒至色泽棕黄、酱香浓郁时，下盐、味精拌匀起锅即成。

注：此法选择将姜舂蓉后进行加工，使姜味能充分渗入肉末中，并且在调料中加入了胡椒、料酒，以压腥、出香、增鲜。重庆小面馆称这种杂酱面为素椒杂酱面。此面皆采取“干溜”（即面条煮好起锅后甩干面

汤，放入打好佐料的碗内，舀上杂酱臊子即成）的方式食用。素，意指杂酱疏散依附在面条上，犹如重庆传统名菜“蚂蚁上树”般，因“树”与“素”谐音而得名。椒，意指此面的佐料中加入了辣椒、花椒。

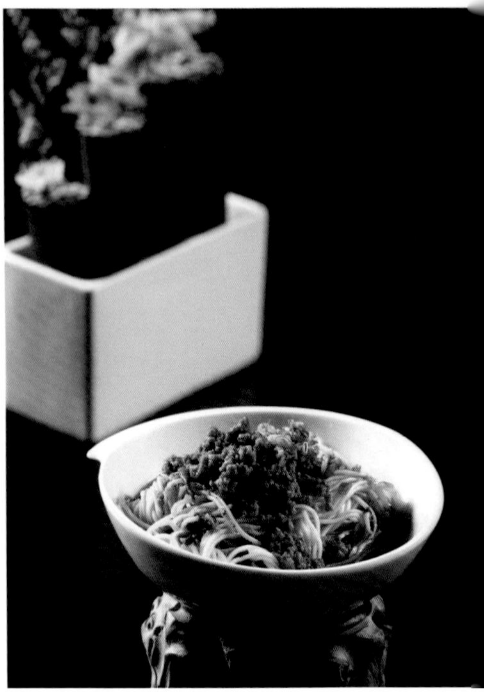

重庆地区有些小面馆为满足部分食客的需要，在已经制作好的杂酱中加入宜宾芽菜碎炒香，称为“芽香杂酱”；在已经炒好的杂酱中加入自己腌渍的羊角芥菜和烟熏过的豆腐干末，叫“臊子杂酱”，等等。这些改良杂酱也具有各自鲜明的特色，独具风味，受到广泛欢迎。

杂酱面制作方法

主料：碱水湿切面 150 克、杂酱臊子（已炒好）100 克。

辅料：混合油（猪化油与熟菜油兑制）4 克、芽菜末 3 克、熟脆花生仁 3 克。

调料：红油辣子 15 克、花椒粉 1.5 克、芝麻酱 2 克、麻油 2 克、大蒜 5 克、老姜 5 克、小葱 5 克、味精 2 克、酱油适量。

制作步骤：

（1）将大蒜、老姜捣蓉后用冷开水兑成姜蒜汁水。

（2）小葱切成葱花。

（3）芝麻酱用麻油调散。

（4）取面碗一个，放入酱油、红油辣子、姜蒜汁水、花椒粉、混合油、芝麻酱、味精、芽菜末、熟脆花生仁。

（5）面锅加入水烧沸，放入面条煮至熟透，起锅挑入面碗内，舀入杂酱臊子、撒上葱花即成。

红烧肥肠面

肥肠，就是猪大肠，为猪内脏的下杂。用肥肠制作的菜品多见于重庆的“苍蝇馆子”（即家常小菜馆），花色品种不多。

但重庆的“唐肥肠”酒楼，则与众不同。酒楼创始人唐亮先生，正是以红烧肥肠这道菜在重庆美食的江湖中“一战成名”。此后，他用肥肠为主料创制出了上百款佳肴，逐步将生意做大。中央电视台还专门以他为题材拍摄了一部电视剧。目前，“唐肥肠”酒楼已经更名为“传奇唐悠悠”私房菜。店名虽然改了，但那道色泽红润、炽软入味的红烧肥肠一如既往地吸引着广大食客前来尝个究竟。

二十世纪三四十年代，重庆成为陪都，数倍于重庆当地居民的外地人来到了重庆。随着人口增多，每天消耗的蔬菜、肉食、粮油等也相应大量增加。当时，重庆城区的几个屠宰场，每天要处理大量的活

猪活牛。猪儿杀得多，猪的杂碎产量也多了起来。猪的上杂（猪肝、猪腰、猪舌、猪心）随猪肉运往城里出售；猪的下杂（猪肺、猪肠、猪胰、猪肚）以及猪血当时销路不佳，常由屠宰场销往当地周边餐饮店“内部消化”。

在“消化”的过程中，餐饮店老板们想了很多方法，发明出许多新菜。如将煮熟的猪血旺浇上用猪大肠、猪心肺、炬白豌豆加工成的臊子，创制出毛血旺；用肥肠创制出红烧肥肠、苦藠肥肠汤，等等。经过几十年的发展，毛血旺已经成为重庆江湖菜的代表菜品；红烧肥肠成为了一道家常菜，既能下饭，也可下面。

清代文人钱泳在《履园丛话》中道：“凡治菜，以烹庖得宜为第一义，不在山珍海错之多，鸡猪鱼鸭之富也。庖人善则化臭腐为神奇，庖人不善则变神奇为臭腐。”红烧肥肠就是“化腐朽为神奇”的代表，其色泽红亮，块形均匀，咸鲜微辣，香味浓郁，质地炬软。各家重庆小面馆制作红烧肥肠臊子的方法不少，不论采用哪种方法，其关键在于去异味、增香味。现选择其中几种方法供参考。

红烧肥肠的制作方法之一

主料：猪大肠 2000 克（可供 15 碗面使用）。

辅料：菜籽油 100 克、鲜汤 600 克、面粉 250 克。

调料：郫县豆瓣 60 克、料酒 80 克、老姜 60 克、大蒜 80 克、大葱 80 克、干红辣椒面 10 克、八角 5 克、山柰 3 克、白扣 2 克、香叶 2 克、桂皮 3 克、盐 50 克、醋 8 克、味精 3 克、白糖 5 克、花椒 3 克。

制作步骤：

（1）将肥肠内外用清水清洗一遍，沥干，然后用盐、面粉揉匀后清洗干净，洗去黏液和污物，剔去肠壁上的油。

（2）老姜切成片，大葱切成节后拍松，郫县豆瓣剁细，大蒜拍碎，香料用清水洗净。

（3）净锅置火口上，加入水烧沸，放入肥肠，氽煮断生后捞起，再用温热水清洗一次。

（4）将肥肠切成约长 2 厘米或 2.5 厘米的节。

（5）净锅置火口上，加入油烧至 130℃，下入豆瓣、干红辣椒面，煵至色红出香，然后下姜片、大蒜、大葱节、花椒、香料，煵至出味后加入鲜汤烧沸，用小火熬制 5 分钟后捞起料渣，去掉香料，其余调料重回锅中，制成味汁。

（6）将处理好的肥肠节放入味汁锅中，下白糖、醋各 5 克，用小火烧至肥肠烂软，起锅前 5 分钟再下醋 3 克，起锅时拣去姜、葱，下味精拌匀即成。

注：此法在烧制之初和烧制中途分两次加入醋。这种技法作用有二：一是通过醋祛除异味；二是利用醋保持肥肠的质地烂而不融，有弹性。此外，加入干红辣椒面可以使烧制好的肥肠色泽红亮。

红烧肥肠制作方法之二

主料：猪大肠 2000 克（可供 15 碗面使用）。

辅料：菜籽油 100 克、面粉 250 克。

调料：郫县豆瓣 200 克、姜 150 克、大葱 80 克、八角 4 克、山柰 2 克、陈皮 3 克、桂皮 3 克、草果 2 克、干辣椒节 20 克、花椒 10 克、料酒 80 克、盐 50 克、味精 3 克、冰糖适量。

制作步骤：

（1）将肥肠内外用清水清洗一遍，沥干，然后用盐、面粉揉匀后清洗干净，洗去黏液和污物，剔去肠壁上的油。

（2）姜切成薄片，葱切节后拍松，香料用清水洗净。

（3）净锅置火口上，加入水烧沸，下料酒 20 克、姜片 20 克、大葱节 30 克，熬味后放入肥肠，氽煮断生捞起，去掉姜、葱。

（4）用温热水将氽好的肥肠再进行一次清洗。

（5）将肥肠切成长 2 厘米或 2.5 厘米的节。

（6）高压锅置火口上，放入肥肠节，加入清水，加盖压制 10 分钟后端离火口，快速降低锅中气压后打开锅盖，捞出肥肠，马上放入事先准备的冰水中浸泡过心。

(7) 将各种香料用纱布包成料包。

(8) 净锅置火口上，加入油烧至 120℃时，下干辣椒节煵香捞起，再下花椒煵香捞起，下郫县豆瓣煵炒至色红出香，下冰糖炒化，然后下姜片、葱段炒香，烹入料酒炒成味料。

(9) 净锅重置旺火上，加入适量水烧沸，下煵香的辣椒节、花椒，放入肥肠节、香料包，用小火烧至肥肠炬软后拣去姜葱及香料包，下味精拌匀即成。

注：先用高压锅将肥肠压制至半熟，然后用冰水浸泡，可使肥肠快速降温，使烧好的肥肠口感柔软弹牙。

红烧肥肠制作方法之三

主料： 猪大肠 2000 克（可供 15 碗面使用）。

辅料： 菜籽油 100 克、鲜汤 600 克、面粉 250 克。

调料： 郫县豆瓣 200 克、石柱红干辣椒 250 克（实耗 30 克）、醪糟 50 克、料酒 30 克、老姜 60 克、大葱 80 克、大蒜 50 克、八角 3 克、山柰 2 克、桂皮 3 克、陈皮 3 克、草果 2 克、味精 3 克、醋 5 克、盐 50 克。

制作步骤：

(1) 将肥肠内外用清水清洗一遍，沥干，然后用盐、面粉揉匀后清洗干净，洗去黏液和污物，剔去肠壁上的油。

(2) 姜切成片，葱切成节后拍松，郫县豆瓣剁细，大蒜拍碎。

(3) 净锅置旺火上，加入水烧沸，下大葱节，下姜片 30 克，熬味后放入肥肠氽煮断生后捞起。

(4) 将氽好的肥肠用温热水再进行一次清洗。

(5) 将大肠切成长 2 厘米或 2.5 厘米的节。

(6) 干辣椒去蒂后用沸水煮至质软，继续在沸水中浸泡 30 分钟沥起，绞蓉成糍粑辣椒。

（7）净锅置火口上，加入油烧至 130℃，下郫县豆瓣、糍粑辣椒，煵至色红出香，然后下姜片 30 克，下大蒜、香料，炒至出香，烹入料酒炒成味料。

（8）另锅置火口上，加入鲜汤，下入味料，用小火熬制 10 分钟起锅，放入高压锅内，下醋、醪糟，加盖后压制肥肠至炽软，关闭火源，待压力减弱后将肥肠出锅，拣去姜、葱、香料，下入味精即成。

注：加入糍粑辣椒的作用：一是保证色泽红润；二是增加辣味。加入醪糟的作用：一是祛异增香；二是产生回味。

红烧肥肠制作方法之四

主料：猪大肠 2000 克（可供 15 碗面使用）。

辅料：植物色拉油 100 克、白酒 20 克、面粉 250 克。

调料：郫县豆瓣 200 克、白醋 50 克、醋 50 克、老姜 150 克、白芷 4 克、白扣 4 克、当归头 3 克、陈皮 3 克、盐 50 克、味精 5 克、白糖 3 克。

制作步骤：

（1）将肥肠内外用清水清洗一遍，沥干，然后用盐、面粉揉匀后清洗干净，洗去黏液和污物，剔去肠壁上的油。

（2）郫县豆瓣剁细，老姜切成薄片。

（3）净锅置火口上，加入清水，下白醋 25 克、白酒 10 克后，放入肥肠进行汆煮，汆煮过程中不时舀出锅中的汁水，又不停加入清水，中途再下白醋 25 克和白酒 10 克，然后仍然采取舀出汁水、加入清水的方法，直至肥肠汆煮断生后捞起。

（4）用温热水将肥肠清洗干净。

（5）将肥肠改刀成约 2.5 厘米长的节。

（6）净锅置火口上，加入油烧至 130℃，下入郫县豆瓣、老姜片，煵至色红出香，制成味料。

（7）高压锅置火口上，加入清水，放入肥肠节，下入味料、白芷、白扣、当归头、陈皮、白糖，加盖后压制肥肠至炽软，拣去姜片、香料，下入味精即成。

注：此法最考究的是在肥肠汆水过程中所采取的边滔出汁水边加入清水的方法，加上白醋和白酒的作用，既可祛除异味，又可使烧好的肥肠质地柔软不融。在香料中加入当归头是此法独创，可使香气浓郁，久不散去。

重庆地区还有一种特别的红烧肥肠，只选用猪的大肠头制作。猪肠头比大肠其余部分厚一倍以上，所以质地紧实得多。制作时需将汆水过的肠头改刀成长 3.5～4 厘米、宽 2 厘米的块状，再进行烧制，烧制的过程与其他红烧肥肠做法一致，只是另外加入了用 140℃油温余炸过的整瓣大蒜（大蒜的用量为肠头用量的四分之一）同烧。由于选料极精，这种红烧肥肠售价较高，而且每天供应的量也有限。即使如此，仍然挡不住“老饕”们一饱口福的脚步。

红烧肥肠面制作方法

主料：碱水湿切面 150 克、红烧肥肠（已烧好）120 克。

辅料：莴笋尖 100 克、芫荽 5 克。

调料：酱油 5 克、红油辣子 10 克、花椒粉 1 克、味精 1 克、大蒜 5 克、老姜 5 克。

制作步骤：

（1）将芫荽切成长 4 厘米的节；大蒜、老姜捣成蓉。

（2）取一面碗，放入酱油、红油辣子、花椒粉、味精、姜蓉、蒜蓉。

（3）面锅加入水烧沸，放入面条煮至熟透，莴笋尖同煮熟，起锅，均捞入面碗内，舀入肥肠臊子，撒上芫荽即成。

豌豆面

二十世纪三四十年代，重庆大学一位来自农村的学生向学校附近的一位小面摊主推荐他老家用柴火灶焖煮豌豆的方法，说这种用小火慢焖出来的白豌豆口感细腻，翻沙润口，如果用它来做面的臊子，效果肯定不错。摊主听取了这位热心学生的推荐，很快就研制出了用炽白豌豆作为臊子的小面。豌豆臊子面价廉物美，一经推出便受到学生们的欢迎。经过学生们的口口相传，豌豆臊子面被其他小面摊效仿、改良，并流行开来。

近八十年过去了，豌豆臊子面仍然魅力不减。有食客这样评价炽豌豆："炽白豌，白豌炽，大人细娃喜欢它，粒饱满、色鸭黄，软蓉细润还翻沙。"豌豆臊子色泽浅黄、软糯翻沙、入口化渣，广受食客欢迎。

豌豆面制作方法

主料：大白豌豆 500 克（可供 10 碗面使用）、特制碱水面条 150 克。

辅料：猪化油 10 克、鲜汤 800 克。

调料：酱油 8 克、红油辣子 15 克、老姜 5 克、大蒜 5 克、芝麻酱 5 克、麻油 3 克、青花椒粉 4 克、红花椒粉 2 克、涪陵榨菜 15 克、小葱 5 克、味精 2 克、熟碎花生仁 3 克。

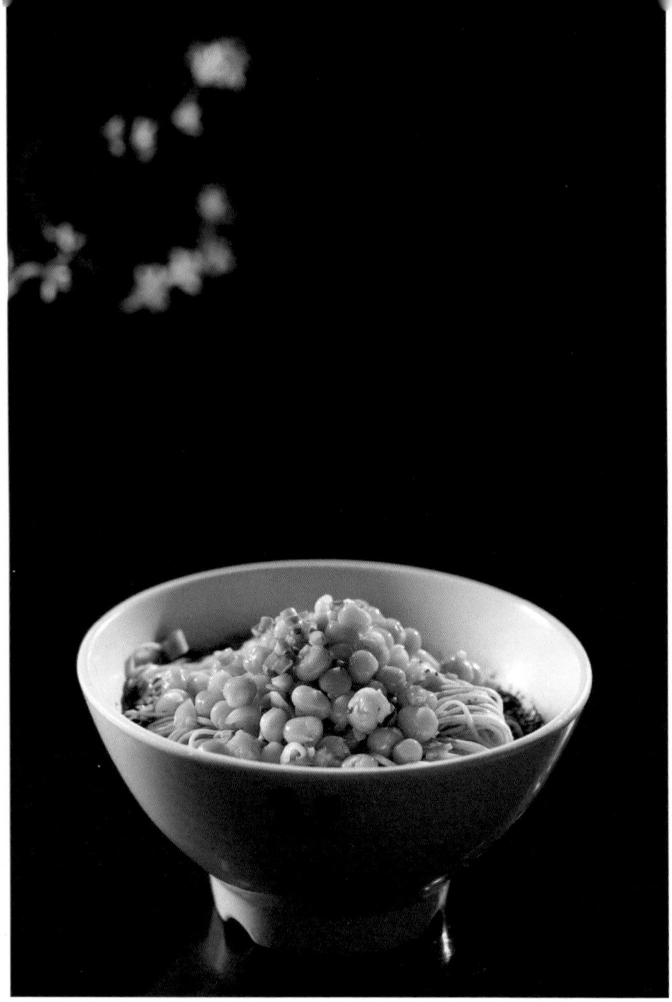

制作步骤：

（1）将白豌豆淘洗后用清水浸泡 5 小时。

（2）净锅置火口上，放入豌豆，加入鲜汤淹没豌豆，用小火煨煮至质地㶽软即成。（另一种做法：将白豌豆淘洗后用清水浸泡 6 小时，然后放入高压锅内，加入清水将豌豆淹没，压制至豌豆㶽软即成。）

（3）榨菜切成末；葱切成葱花。

（4）老姜、大蒜捣蓉后用冷开水调成姜蒜汁水。

（5）芝麻酱用麻油调散，青花椒粉、红花椒粉调匀。

（6）取一面碗，放入酱油、芝麻酱、红油辣子、花椒粉、猪化油、榨菜末、花生碎、葱花、味精，加入鲜汤 30 克。

（7）煮面锅加水烧沸，放入面条煮至熟透，起锅挑入面碗内，舀入㶽豌豆臊子即成。

泡椒鸡杂面

最初的泡菜，主要是以自制的盐水坛子泡制应季的蔬菜用于下饭。自从清代人发现辣椒既能作为蔬菜还能作为调料后，人们便在泡菜坛中加入辣椒制成泡椒，然后将泡椒作为调料使用。清末文人曾懿所作的《中馈录》中，对四川泡菜有这样的记述："泡盐菜法，定要覆水坛。此坛有一外沿如暖帽式，四周内可盛水；坛口上覆一盖，浸于水中，使空气不得入内，则所泡之菜不得坏矣。泡菜之水，用花椒和盐煮沸，加烧酒少许。凡各种蔬菜均宜，尤以豇豆、青红椒为美，且可经久。然必须将菜晒干，方可泡入。"

前人将泡椒用作调料时发现，其在提供辣味的同时还会产生出一种特殊的鲜味，而这种特殊的鲜味来自于泡制过程中乳酸菌与其他微

生物的作用，使泡椒呈现出醇厚的味感，这种味道在经过热油的脂溶后会更加浓厚。

在重庆地区，几乎每家每户都置有泡菜坛，坛中必定有的就是泡椒和泡板姜。用它们烹制的菜肴具有咸鲜微辣、风味浓郁的特点。对泡椒的巧妙运用，成就了渝菜调味的多样性。重庆人对泡椒烹制的菜肴有一种难以割舍的情怀，重庆臊子面自然也少不了泡椒味道的点缀，而其中最受人喜爱的就是泡椒鸡杂面，成品色泽棕红，鸡杂刀口均匀，咸鲜微辣，乳酸味浓郁，质地脆嫩爽口。

泡椒鸡杂面制作方法

主料：碱水面条 150 克、鲜鸡胗 100 克、鲜鸡肝 50 克、鲜鸡腰 50 克（可供 3 碗面使用）。

辅料：湿淀粉 40 克、芹菜 50 克、鲜汤 30 克、植物油 50 克。

调料：泡椒 15 克、泡姜 10 克、泡萝卜 15 克、料酒 5 克、味精 2 克、鸡精 2 克、食盐 1 克、大蒜 5 克、大葱 15 克、酱油适量。

制作步骤：

（1）将鸡胗洗净后用刀剔去表层的白筋膜和内壁层，然后顺着鸡胗肌肉纹路按 0.3 厘米刀距剞进三分之二深，再按 0.4 厘米的刀距横切成片；鸡肝切成薄片；鸡腰切成薄片。

（2）泡椒去蒂、去籽后切成节；泡姜切成片；泡萝卜切成片；芹菜切成长 3 厘米的节；大蒜切成薄片；大葱切成节。

（3）取一大碗，放入鸡杂、盐、湿淀粉，抓匀码味。

（4）净锅置火口上，加油烧至 180℃，放入鸡杂炒至断生后下泡椒、泡姜、泡萝卜、大葱节、大蒜片炒至出香，烹入料酒，下芹菜节炒断生，下味精 1 克、鸡精，拌匀起锅制成臊子。

（5）取一面碗，放入酱油、味精 1 克、鲜汤。

（6）煮面锅加水烧沸，放入面条煮至熟透起锅，挑入面碗内，舀入鸡杂即成。

姜鸭面

渝菜中采用本地产鸭子烹制的菜肴不少，其中不乏名馔。二十世纪四五十年代，重庆姜爆鸭就以上佳的色、香、味、质而获得广大食客的喜爱，成为一道广受欢迎的名菜。

厨谚道："无鸡不鲜，无鸭不香。"子姜与辣椒的辛香被热油激发，与鸭肉的香气相辅相成，呈现出独特的韵味。为了使香味不受汤汁影响，吃姜鸭面，一定要"干溜"，不加面汤，而是加入炒制姜爆鸭的原油，拌匀后再舀入姜爆鸭臊子。姜鸭面色泽红亮，姜丝均匀，咸鲜微辣，回味浓郁，酥软化渣。它并不算是一款常见的重庆臊子面，食客们想要吃到它，还需略加探访，甚至过江过河寻觅"芳踪"，只为一享口福。

姜鸭面制作方法

主料：鲜鸭肉 500 克、自制鸡蛋碱面条 150 克。

辅料：菜籽油 150 克。

调料：郫县豆瓣 100 克、大蒜 100 克、老姜 300 克、鲜小米辣椒 150 克、大葱 30 克、食盐 5 克、十三香 1 克、酱油 30 克、麻油 30 克、味精 1 克、鸡精 1 克、白糖 5 克。

制作步骤：

（1）将鸭肉改成长约 3 厘米、粗 0.6 厘米的条。

（2）老姜切成长 4 厘米、粗 0.6 厘米的条；大蒜切成薄片；小米辣切成粗 0.8 厘米的条，大葱切成长 4 厘米的节。

（3）净锅置火口上，加入菜籽油烧至 150℃，放入鸭条炒至脱水定型后下姜条炒至出香，下小米辣、蒜片炒出味，然后下豆瓣炒至色红出香，再下酱油、盐、十三香、葱节炒匀，最后下味精、鸡精、白糖炒匀起锅成姜鸭臊子（可供 10 碗面使用）。

（4）煮面锅加水烧沸，放入面条煮至熟透，起锅沥干，装入面碗内，舀入炒姜鸭的原油，再加入麻油，一同抖拌均匀，再舀入适量姜鸭臊子即成。

红烧蹄花面

猪蹄，又叫猪蹄爪、蹄花，富含胶原蛋白及肌红蛋白、胱氨酸等物质，是人体补充蛋白质的上佳食材，而且易于消化、吸收。李时珍在《本草纲目》中说："蹄……煮羹，通乳脉，托痈疽，压丹石。煮清汁，洗痈疽，渍热毒，消毒气，去恶肉，有效。"清代王士雄撰《随息居饮食谱》载："（猪蹄）填肾精而健腰脚，滋胃液以滑皮肤，长肌肉可愈漏疡，助血脉能充乳汁，较肉尤补。"

重庆人吃猪蹄有一个习惯，就是连骨、带筋、附皮一并入馔，认为这样才能够享受到吃猪蹄的那种感觉。猪蹄富含胶原蛋白，故厨师们多采用炖、烧、卤、煨等烹制法进行烹制，并要求成菜达到"筷夹猪蹄皮骨不分家，嘴嚼猪蹄皮骨马上分家"的口感。为达此目的，火候的掌握就显得极为重要。宋代苏轼的《猪肉颂》中，对烹调黄州猪肉有"净洗铛，少著水，柴头罨烟焰不起。待他自熟莫催他，火候足时他自美"的精辟总结，从中可以看出烧肉时火候的重要性。至今，苏东坡的烧肉之法仍然具有指导意义。

重庆红烧蹄花色泽金黄，块形均匀，咸鲜香浓，略带回甜，汤汁浓稠，炽软离骨，用来做臊子浇在面条上，肉软糯，面劲道，口感丰富，其味无穷。

红烧蹄花面制作方法

主料：湿切面条 150 克、猪蹄（前后蹄各一对）1800 克（可供

15 碗面使用)。

辅料：菜籽油 130 克、冰糖 20 克、鲜汤 50 克。

调料：老姜 100 克、大葱 100 克、八角 2 克、桂皮 2 克、陈皮 5 克、山柰 2 克、酱油 5 克、红酱油 15 克、料酒 50 克、味精 3 克、盐 3 克、白糖 3 克、小葱 15 克。

制作步骤：

(1) 将猪蹄燎皮后刮洗干净。

(2) 用刀顺着猪蹄中间剖成两半后再斩成长 3.5 厘米的块；老姜切片，大葱切节，小葱切成葱花，香料用清水洗净。

(3) 净锅置火口上，加入菜籽油 30 克，随即放入冰糖用小火炒成冰糖色。

(4) 净锅重置火口上，加水烧沸，放入猪蹄，汆水后捞起，用温热水洗净浮沫。

(5) 锅洗净置火口上，加入菜籽油 100 克烧至 120℃，下姜片、葱节、香料炒至出香后加入清水，放入猪蹄，勾入料酒，下红酱油、白糖、盐，烧沸后撇去浮沫，用小火烧至猪蹄表皮发软时放入冰糖色，然后继续烧至皮软糯能离骨时起锅，拣去姜、葱、香料，即成臊子。

(6) 取一面碗，放入酱油、葱花、味精、鲜汤。

(7) 煮面锅加水烧沸，放入面条煮至熟透后挑于面碗内，舀入红烧猪蹄即成。

番茄丸子面

西红柿属一年生茄科草本植物，原产于南美洲，“祖籍”在秘鲁，当地人称其为“狼桃”，十六世纪由英国人带回英国栽种。西红柿传入我国已有一百多年，俗称“洋柿子”，目前已有数十种优良的西红柿品种在我国种植。

重庆地区一般称西红柿为“番茄”。它肉厚汁多，酸甜可口，营养丰富。据营养学家研究，一个人每天吃 200～400 克新鲜西红柿，就基本上可以满足人体对维生素 A、维生素 C、B 族维生素及矿物质的需求。

番茄丸子汤是渝菜中常见的汤菜，它既能出现在高档酒楼的菜单上，又惯见于普通餐馆之中，还是寻常百姓餐桌上的“熟面孔”。在食客们的呼吁之下，番茄丸子面“粉墨登场”。它汤汁红润，咸鲜可口，具有番茄特殊香气，丸子大小均匀，质地细嫩，在重庆小面“舞台”上一亮相，便获得食客的喝彩。

番茄丸子面制作方法

主料：碱水湿面条 150 克、猪前夹（盖板）肉 500 克（可供 4 碗面用）、水淀粉 100 克、鲜汤 600 克。

辅料：番茄 200 克、鸡蛋 1 个、猪化油 30 克。

调料：老姜 50 克、花椒 3 克、盐 6 克、味精 2 克、鸡精 2 克、

葱花适量。

制作步骤：

（1）将番茄去蒂，沸水烫后撕去表皮，四分之三切成条，四分之一剁成蓉。

（2）老姜切成细末。

（3）猪肉洗后剁成蓉，加入鸡蛋，加盐 2 克、姜末 30 克、味精 1 克、鸡精 1 克，用水淀粉及清水和匀后搅打上劲。

（4）锅置火口上，加油烧至 180℃，放入番茄条炒至软透，再放入番茄蓉炒匀，然后加入鲜汤烧沸，下盐 2 克、姜末 20 克、花椒，熬味后将火调小，将猪肉蓉挤成直径 2 厘米或 2.5 厘米的丸子，入锅煮至断生，下味精 1 克、鸡精 1 克，即成臊子。

（5）取面碗一个，放入盐 2 克、葱花。

（6）煮面锅加水烧沸，放入面条煮至熟透后挑于面碗内，舀入带汁番茄丸子即成。

炖鸡面

二十世纪四十年代，重庆有一家叫“丘三”的炖鸡馆，此馆门面虽小，但陈设雅致，餐具精美，还打出“清宫御厨”的招牌。丘三馆除了出售炖鸡汁外，还出售以炖鸡汁另行加工的“海参鸡汁面”和“炖鸡面”。面粉加蛋清和匀揉转后，经手工擀制成色如银、细如丝的面条，然后配以鸡汁鸡块出售。每天店堂出示挂牌，写着：“炖鸡 40 份，每份 1.5 元；炖鸡面 80 份，每份 0.5 元；海参鸡汁面 80 份，每份 0.35 元。售完为止。”丘三馆的炖鸡面与炖鸡汁同样出名，通常是上、下午开门不到一个小时即售完。

鸡肉兼具较高的营养价值和药用价值，在民间有“济世良药”的美称。中医认为鸡肉具有温中益气、补精填髓、益五脏、补虚损、活血脉、强筋骨的功效。炖鸡汤补气滋阴，润泽肌肤。劳累之后、工作之余，来一碗色泽白润、咸鲜醇厚、面条滑爽、鸡肉鲜美、柔软离骨的炖鸡面，那真是人生的一大享受。

炖鸡面制作方法

主料：面粉 500 克、肥母鸡 2000 克（可供 10 碗面使用）。

辅料：鸡蛋 200 克。

调料：盐 2 克、小葱 10 克、鸡精 1 克、味精 1 克、姜 100 克、胡椒粉 1 克。

制作步骤：

（1）面粉中加入鸡蛋清，搅拌后反复揉匀，然后擀成薄片，切成细面条。

（2）将鸡洗净，放入沸水中汆水，捞起洗净浮沫，改刀成块；姜切成薄片；小葱切成葱花。

（3）炖锅置中火上，加入清水，放入鸡块、姜片，烧沸后撇去浮沫，用小火煨炖至熟。

（4）取一面碗，放入盐 2 克、胡椒粉 1 克、鸡精 1 克、味精 1 克，加入原汁鸡汤 200 克。

（5）煮面锅加水烧沸，放入面条煮熟后起锅挑于面碗内，舀入鸡块，撒上葱花即成。

尖椒肉臊面

尖椒，辣椒中的新品种，以色泽深绿、个头细小、端呈尖状而得名。尖椒的辣味中带有较重的清香和鲜香，具有特殊的风味，能够刺激食欲。重庆江湖菜中，选用尖椒的菜品有尖椒鸡、尖椒鱼头、尖椒兔丁、尖椒肘子、尖椒煎豆腐、尖椒茄盒等。它们是渝菜烹饪在食材、口味方面的创新。重庆小面在创新方面从未落后，于是，一款在杂酱面基础上创新的尖椒肉臊面就应运而生了。其色泽绿黄相间，肉臊颗粒均匀、酥软化渣，口味酱香咸鲜、清辣可口。

尖椒肉臊面制作方法

主料：碱水湿切面 150 克、猪前夹肉 500 克（可供 6 碗面用）、水淀粉 60 克。

辅料：色拉油 80 克、猪化油 5 克、青尖椒 150 克、时令蔬菜 150 克、湿淀粉 50 克。

调料：甜酱 10 克、酱油 5 克、老姜 15 克、大蒜 5 克、盐 2 克、味精 2 克、鸡精 2 克、小葱 5 克、花椒粉 1.5 克、芝麻酱 3 克。

制作步骤：

（1）将猪肉洗净，切成约 0.5 厘米见方的颗粒；尖椒去蒂、去籽，切成约 0.5 厘米见方的颗粒。

（2）老姜 10 克切成细末，5 克捣成蓉；大蒜捣成蓉；姜蓉、蒜蓉用冷开水兑成姜蒜汁水；葱切成葱花；蔬菜摘理好后洗净。

（3）肉粒放入碗中，加盐 1 克、湿淀粉，码匀。

（4）锅烧热，加入色拉油烧至 140℃，放入肉粒炒至断生，下甜酱炒至出香、出色，下姜末炒出味，放入尖椒粒炒至断生，下盐 1 克、味精 1 克，下鸡精，炒匀成臊子。

（5）取一面碗，放入酱油、姜蒜汁水、花椒粉、葱花、味精 1 克、猪化油、芝麻酱。

（6）煮面锅加水烧沸，下蔬菜煮熟捞于面碗中，然后下面条煮熟后挑于面碗中，舀入臊子即成。

卤猪耳朵面

猪身上有几处“活动肉”，如不停走动的蹄子、摇动的尾巴、张合的嘴巴及扇动的耳朵。“活动肉”通常肉质软嫩，味道鲜美。诗人二毛，即纪录片《舌尖上的中国》的文化顾问，曾经说：“猪耳本不是用来听人话的，更不是用来听猪话的，而是天生用来下 52 度老白干（白酒）的。”此话虽有玩笑成分，却是一句大实话。猪耳口感特殊，其脆骨、软肉紧密相连，既有脆爽，也有软糯。所以，在重庆地区，猪耳最常被用来制作下酒菜。

用卤制的猪耳去“辅佐”面条，猪耳咸鲜入味、卤香扑鼻，其色泽金黄，厚薄均匀，五香醇正，口感化渣，可以使面条更加爽口。

卤猪耳朵面制作方法

主料：碱水湿切面条 150 克、猪耳 1 只、五香卤水 500 克。

辅料：猪化油 5 克、筒骨汤 50 克、时令蔬菜 100 克。

调料：麻油 5 克、红油辣子 15 克、花椒粉 1.5 克、榨菜粒 5 克、芝麻酱 2 克、味精 2 克、小葱 5 克、老姜 5 克、大蒜 5 克、熟碎花生仁 5 克、酱油 4 克。

制作步骤：

（1）将时令鲜蔬洗净。

（2）老姜、大蒜捣成蓉后用冷开水调成姜蒜汁。

（3）猪耳燎毛后洗净，用沸水煮至紧皮后捞起。

（4）卤水入锅烧沸，放入猪耳，用中火卤至熟透起锅，用干净纱布包裹好后置于墩子下，压至冷却取出，顺着猪耳软骨方向，用斜刀将其片成厚 0.2 厘米的大张薄片，用麻油、味精 1 克拌匀后装入小碟内。

（5）取一面碗，放入酱油、红油辣子、花椒粉、芝麻酱、猪化油、味精 1 克、姜蒜汁水、熟碎花生仁、榨菜粒、葱花后，加入筒骨汤。

（6）煮面锅加水烧沸，放入蔬菜，煮至断生后捞于面碗内，然后将面条煮至断生挑于面碗内，配上猪耳碟即成。

水滑猪肝面

猪肝根据所含脂肪、血液的程度分为沙肝和血肝：脂肪含量高的为沙肝；血液含量高的为血肝。沙肝适宜炒、炸、煎，血肝适宜氽、煮。猪肝面大多采取沙肝进行烹制。

烹制猪肝最为考究的就是火候，在保证其熟透的同时，亦保留其成菜后细嫩的质地。厨师们根据多年的经验总结出一种判断方法，即观察肝片是否“伸板”（平整）。其原理是，肝片中的蛋白质受热凝固后会变得平整光滑。如果肝片尚未“伸板”则没有断生；如果“伸板”后再继续烹制，肝片弯曲翘边，则为过火，质地老绵，口感不佳。因此，厨师只有在稳控火候的同时注意观察肝片的变化，才能够烹制出既断生又细嫩的肝片。

猪肝含铁量丰富，是常见的补血食物，营养价值非常高。猪肝中维生素 A 的含量高于奶、蛋、肉、鱼等食物，经常食用猪肝还能补充 B 族维生素和维生素 C 等。水滑猪肝能避免其营养成分因高温而损耗。水滑猪肝与面条搭配，成品色泽美观、咸鲜适口、质感爽滑，营养价值颇高，是一道养生美食。

水滑猪肝面制作方法

主料：碱水湿切面 150 克、猪沙肝 80 克。

辅料：湿淀粉 30 克、韭菜 50 克、混合油 5 克、筒骨汤 50 克、

油酥花生碎 5 克。

调料：红油辣子 15 克、花椒粉 1.5 克、老姜 5 克、大蒜 5 克、榨菜粒 5 克、芝麻酱 5 克、小葱 5 克、酱油 5 克、盐 1 克、味精 1 克。

制作步骤：

（1）猪肝切成厚 0.3 厘米的柳叶形薄片。

（2）老姜、大蒜捣蓉后加入冷开水兑成姜蒜汁。

（3）小葱切成葱花，韭菜切成长 3 厘米的节。

（4）取面碗一个，放入酱油、红油辣子、花椒粉、姜蒜汁、榨菜粒、花生碎、芝麻酱、混合油、味精、葱花，加入筒骨汤。

（5）煮面锅加水烧沸，放入面条煮至熟透后挑于面碗内。

（6）将猪肝片用盐、湿淀粉码匀。

（7）净锅置火口上，加水烧沸，将码味后的肝片放入沸水中，随即放入韭菜节，待猪肝断生后与韭菜节一同捞起，舀于煮好的面条上即成。

家常腰花面

“民间美食不了情，家常风味觅知音。”家常菜是渝菜的“脊梁”，它代表着人与自然、人与传统的关系，也代表着我们永远无法割舍的家乡味。

制作家常腰花面的技术要求较高。为了保证腰花炒制后能保持其脆嫩质地，厨师须在煮面的同时炒制臊子，待面条煮好挑入碗内之际，家常腰花也要起锅，舀于面条上。家常腰花面成品色泽棕红，腰花炒制后花形美观，口味咸鲜微辣，回味浓郁，质地脆爽。

家常腰花面制作方法

主料：鲜猪腰 100 克、碱水湿面条 150 克。

辅料：菜籽油 50 克、湿淀粉 30 克、大葱 70 克、水发木耳 20 克。

调料：泡椒 15 克、泡姜 10 克、郫县豆瓣 10 克、醋 3 克、白糖 3 克、酱油 8 克、味精 2 克、大蒜 5 克、盐 1 克，花椒粉、红油辣子适量。

制作步骤：

（1）猪腰剖开成两半，剔去腰骚，先顺着猪腰剞上刀口，然后将猪腰斜切成节；大葱切成长 3 厘米的斜刀节，大蒜切成薄片。

（2）郫县豆瓣剁细后用少量油调散，泡椒去蒂去籽后切成末，泡姜

切成末。

（3）取一净碗，放入腰花，下盐 1 克、湿淀粉，均匀码味。

（4）净锅置火口上，加油烧至 140℃，放入猪腰炒至翻花断生，下郫县豆瓣炒出色，下泡椒末、泡姜末、蒜片、葱节炒出香味，下味精 1 克拌匀，起锅成臊子。

（5）取一面碗，放入酱油、味精 1 克、醋、白糖、花椒粉、红油辣子。

（6）煮面锅加水烧沸，放入面条煮至熟透挑于面碗内，舀上腰花臊子即成。

辣卤蹄花面

辣卤，是重庆厨师在原五香卤的基础上经不断研制、总结而产生的一种五香之中带微辣、醇正之中带浓烈的特殊卤制方法。辣卤制品一经推出便受到广大食客的青睐。

“花”常被用来代指具有酥烂软嫩口感的食品，如豆花等。肉类食品中也有叫“花”的，如猪脑被称为“脑花”，猪蹄叫“蹄花”。辣卤蹄花面是重庆的一道特色面食，猪蹄烂软，色泽棕黄，五香醇正，咸鲜微辣，浇在面条上，更是令人胃口大开。

辣卤蹄花面制作方法

主料：猪前蹄 2 只、碱水面条 150 克、筒骨汤 50 克。

辅料：辣卤卤水 1000 克。

调料：红油辣子 15 克、大葱 50 克、小葱 10 克、老姜 15 克、大蒜 5 克、花椒 5 克、料酒 50 克、五香粉 5 克、花椒粉 1 克、酱油 8 克、味精 2 克、食盐 3 克、鸡精 1 克。

制作步骤：

（1）将大葱切节，老姜 10 克切成片。

（2）猪蹄燎皮后刮洗干净，顺猪蹄缝从中间剖开成两半，用盐、姜片 10 克、葱节、五香粉、料酒、花椒码味 3 小时。

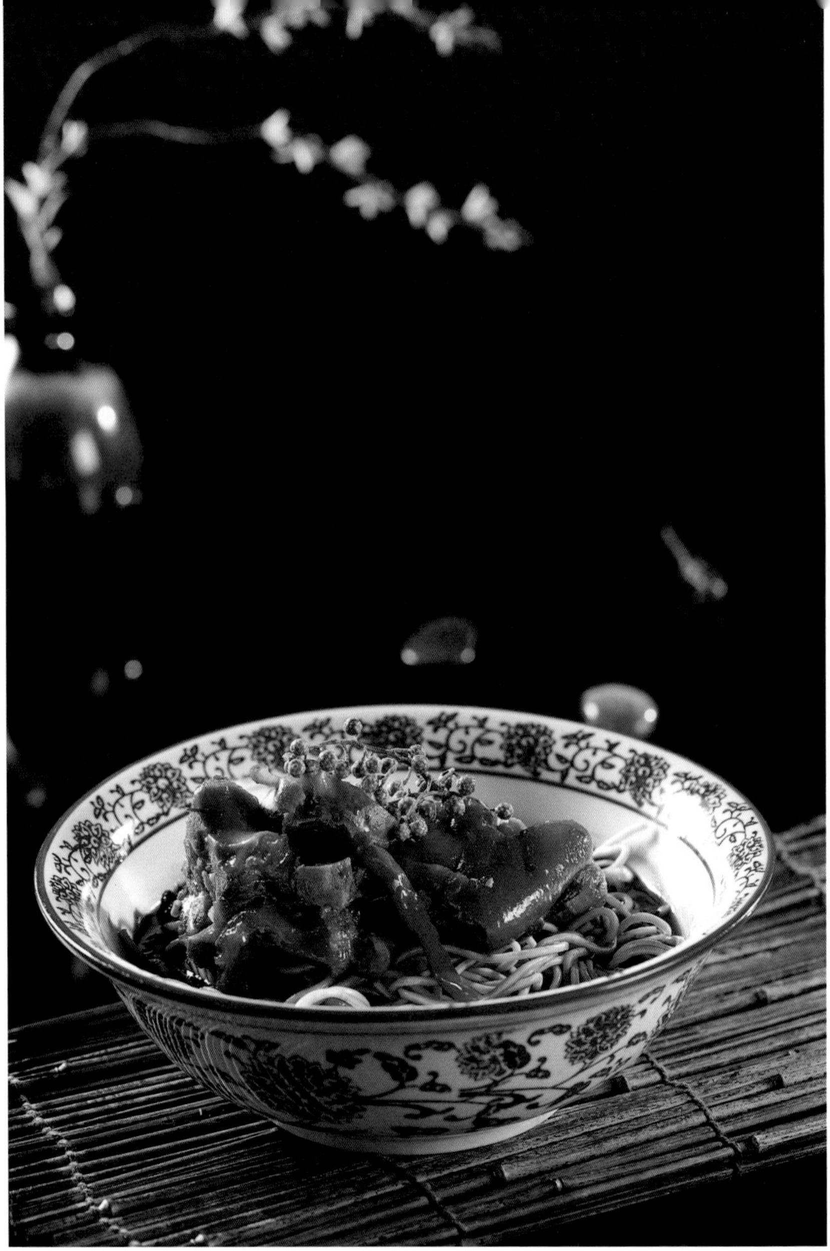

（3）将码好味的猪蹄放入烧沸的辣卤锅内，卤至烂软后捞起，改刀成长 3.5 厘米的节后重新放入沸卤水中浸泡保温，即成臊子。

（4）大蒜、老姜 5 克捣蓉后用冷开水调成姜蒜汁水，小葱切成葱花。

（5）取一面碗，放入酱油、红油辣子、花椒粉、味精、鸡精，加入筒骨汤。

（6）煮面锅加水烧沸，放入面条煮至熟透起锅挑入面碗内，放入辣卤蹄花即成。

红烧肚条面

“烧”作为以水为导热介质的烹制法，做菜时适应面最广。渝菜就利用了红烧、酱烧、葱烧、干烧、软烧、收汁烧等烧制技法。在这些技法中又以红烧使用得最多，如红烧肉、红烧鱼、红烧肘子、红烧蹄花等。

祖国中医学说中一直有“以脏治脏”“以类补脏”的说法。李时珍对此用“以胃治胃，以心归心，以血导血，以骨入骨，以髓补髓，以皮治皮”作了精辟的总结。红烧肚条就是这样一道既好吃又养生的菜肴，其色泽金黄，条形均匀，咸鲜适口，五香醇正，略带回甜，质地柔软，正适合配上面条食用。

红烧肚条面制作方法

主料：碱水湿切面 150 克、猪大肚 1 个（约重 600 克）。

辅料：菜籽油 70 克、筒骨汤 500 克。

调料：老姜 50 克、大葱 50 克、小葱 5 克、八角 2 克、山柰 1 克、桂皮 2 克、小茴香 1 克、料酒 30 克、老抽 10 克、生抽 5 克、醋 2.5 克、盐 2 克、味精 1 克、鸡精 1 克。

制作步骤：

（1）将大肚用醋反复均匀搓揉后用清水洗净。

（2）净锅置火口上加水烧沸，放入大肚，汆水后捞起，用小刀刮去大肚上的白胎和油筋，然后再清洗一次。

（3）锅中另加入水烧沸，放入大肚氽至断生捞起。

（4）将猪肚切成长 5 厘米、宽 1.2 厘米的条；老姜切成薄片，大葱切节，小葱切成葱花；香料淘洗干净后用纱布包成小料包。

（5）净锅中加油烧至 140℃，放入葱节、姜片、料酒煵炒出香，加入筒骨汤，放入肚条，烧沸后撇去浮沫，下盐、老抽、香料包，用小火烧至肚条烂软，拣去姜片、葱节、香料包，下鸡精拌匀，即成臊子。

（6）取一面碗，放入生抽、味精、葱花。

（7）煮面锅加水烧沸，放入面条煮至熟透后挑入面碗内，舀入带汁的肚条臊子即可。

注：重庆还有一种用苦藠与肚条炖制而成的肚条臊子面供应，其汤汁乳白，咸鲜醇正，苦藠清香，肚条烂软，是夏季比较受欢迎的臊子面。

回锅肉面

回锅肉因需先煮后炒，两次入锅烹制而得名。回锅肉在川渝地区极受欢迎，享有“天字家常第一菜”和“开宗明文第一菜”之美誉。

古时官衙的供事衙役在祭祀活动结束的第二天将用于祭祀剩下的肉分而食之，叫“衙祭肉”，因“衙”与“牙”谐音，后来，人们把吃肉过嘴瘾称为“打牙祭”。

吃回锅肉，是人们“打牙祭”之首选。其色泽红亮，厚薄大小均匀，咸鲜微辣，回味悠长，细软化渣。要是时间久了没有沾荤，遇上这等有盐有味，香气四溢的肉，定然是收不住筷子的。在重庆地区，只要一说起“打牙祭”指的必是回锅肉。

在物质不太丰富的年代，要想吃回锅肉“打牙祭”得等到逢年过节或家里人聚齐的日子。现在，随着物质条件的改善，以及人们生活水平的提高，只要你想“打牙祭”了，不需走远，找一家有回锅肉面供应的小面店便能如愿以偿。

回锅肉面制作方法之一

主料：碱水湿切面 150 克、猪三线肉 300 克（可供 5 碗面使用）。

辅料：蒜苗 100 克、老姜 25 克、大蒜 20 克、子姜 100 克、菜籽油 50 克、鲜汤 30 克。

调料：郫县豆瓣 30 克、白糖 3 克、甜酱 20 克、料酒 15 克、味

精 2 克、酱油 10 克。

制作步骤：

（1）将猪肉燎皮后刮洗干净。

（2）老姜 20 克切成薄片，5 克捣成蓉；大蒜 15 克切成薄片，5 克捣成蓉；将姜蓉、蒜蓉用冷开水兑成味汁。

（3）蒜苗切成长 2 厘米的斜刀节，子姜切成长 3 厘米、厚 0.3 厘米的薄片。

（4）郫县豆瓣剁细后用料酒稀释。

（5）将猪肉入沸锅中煮 6 分钟捞起，用刀按肌肉纹路在每 5 厘米处横剞一刀至肉皮，然后重新入锅煮 5 分钟捞起，改刀成长 5 厘米、厚 0.3 厘米的薄片。

（6）净锅置火口上，加油烧至 160℃，放入猪肉爆炒至卷缩吐油，下姜片炒香，下豆瓣炒至色红出香，然后下甜酱、酱油 5 克、白糖炒匀，放入子姜、蒜苗炒至断生，下味精 1 克拌匀起锅成臊子。

（7）取一面碗，放入酱油、味精、姜蒜水、鲜汤。

（8）煮面锅加水烧沸，放入面条煮至熟透，起锅挑于面碗内，舀入回锅肉即成。

回锅肉面制作方法之二

主料：碱水湿切面 150 克、猪二刀腿肉 300 克（可供 5 碗面使用）。

辅料：鲜红椒 100 克、大葱 50 克、菜籽油 50 克、鲜汤 30 克。

调料：老姜 10 克、大蒜 10 克、郫县豆瓣 20 克、永川豆豉 5 克、料酒 10 克、白糖 3 克、味精 2 克、酱油 5 克。

制作步骤：

（1）将肉燎皮后洗净。

（2）红椒从中纵向剖开，去蒂、去籽，切成长 2 厘米的斜刀节；大葱切成长 2 厘米的斜刀节；老姜切成薄片；大蒜切成薄片。

（3）郫县豆瓣剁细后用料酒稀释。

（4）净锅置火口上，加水烧沸，放入猪肉煮 10 分钟捞出，放在冷水中浸泡过心，然后再入锅煮 5 分钟起锅，改刀成长 4.5 厘米、厚 0.3 厘米的片。

（5）锅洗净重置火口上，加油烧至 160℃，放入肉片爆炒至卷缩吐油，下姜片、蒜片炒至出香，下豆瓣炒至色泽红亮，下豆豉炒香，然后放入红椒、葱节炒至断生，下白糖、味精炒匀，起锅成臊子。

（6）取一面碗，放入酱油。

（7）煮面锅加水烧沸，放入面条煮至熟透起锅挑于面碗内，舀入回锅肉即成。

辣子鸡面

1957年财经出版社出版的《中国名菜谱》中有一道叫“钢铁仔鸡”的菜肴，“钢”指的是辣椒，“铁”指的是花椒，即用辣椒和花椒烹制鸡丁成菜。二十多年后，以“钢铁仔鸡”为原型的辣子鸡驰名全国，成为重庆江湖菜的代表。

辣子鸡色泽棕红，块形均匀，其所呈现的麻辣浓厚、离骨爽口、酥软化渣的特色，使其特别适合佐面、下饭。

辣子鸡面制作方法

主料：碱水湿切面150克、鸡腿400克（可供5碗面使用）。

辅料：菜籽油1000克（实耗100克）、熟白芝麻15克。

调料：干辣椒200克、花椒40克、食盐6克、大葱50克、老姜20克、大蒜20克、麻油10克、酱油5克、料酒20克、味精4克、芝麻酱5克、白糖适量、小葱适量、红油少许。

制作步骤：

（1）将鸡腿剔去大骨，斩成1.2厘米见方的丁；老姜15克切成长1厘米、厚0.2厘米的片，5克捣成蓉；大蒜15克切成薄片，5克捣成蓉。将姜蓉与蒜蓉用冷开水兑成姜蒜汁。大葱切成节，小葱切葱花，干辣椒去蒂、去籽后剪成长2厘米的节。

（2）鸡丁放入碗中，加姜片、大葱节、盐、料酒，码味后将姜葱拣去。

（3）芝麻酱用麻油 5 克调散。

（4）锅置火口上，加油烧至 180℃，放入鸡丁浸没，炸至肉质酥软后捞起沥油，待锅中油温降至 150℃时下干辣椒节、蒜片、花椒炒香，然后放入炸鸡丁进行翻炒，烹入料酒，炸至鸡丁呈棕红色时，下味精 3 克、白糖，勾入红油、麻油，撒上白芝麻，即成臊子。

（5）取一面碗，放入酱油、芝麻酱、姜蒜汁水，加入炒鸡丁原油 10 克、味精 1 克。

（6）煮面锅加水烧沸，放入面条煮至熟透，起锅挑于面碗内，舀入辣子鸡，撒上小葱花即成。

河水豆花面

“一碗豆花饭，赶早不赶晚”“家里头来稀客，推豆花蒸烧白”“河水豆花吃热烙，舀饭都是冒儿沱”……从这些耳熟能详的“重庆言子儿”中，我们可以看到河水豆花与重庆老百姓之间的不解之缘。

在重庆，河水豆花的“标配”一般是米饭。也许是一个偶然，有人在吃小面的时候点了一碗河水豆花，并将它们拌在一起食用。河水豆花色泽洁白，绵软扎实，麻辣浓厚，香味醇正，与面条搭配，竟然味道极佳。从此，河水豆花面变成了独具特色的创新面食。食客们能在吃面的同时享受到河水豆花之美，这正是不拘小节的重庆人“想吃就吃，吃得安逸”的又一个创举。

河水豆花面制作方法

主料：碱水湿面条 150 克、黄豆 500 克（可供 20 碗面使用）。

辅料：盐卤水适量、熟碎花生仁 8 克、熟白芝麻 3 克、油酥黄豆 5 克。

调料：红油辣子 20 克、花椒粉 2 克、榨菜 10 克、酱油 8 克、味精 2 克、麻油 5 克、大蒜 5 克、老姜 5 克、小葱 15 克。

制作步骤：

（1）黄豆洗净后用清水泡 5 小时，然后加水磨细，用纱布过滤成

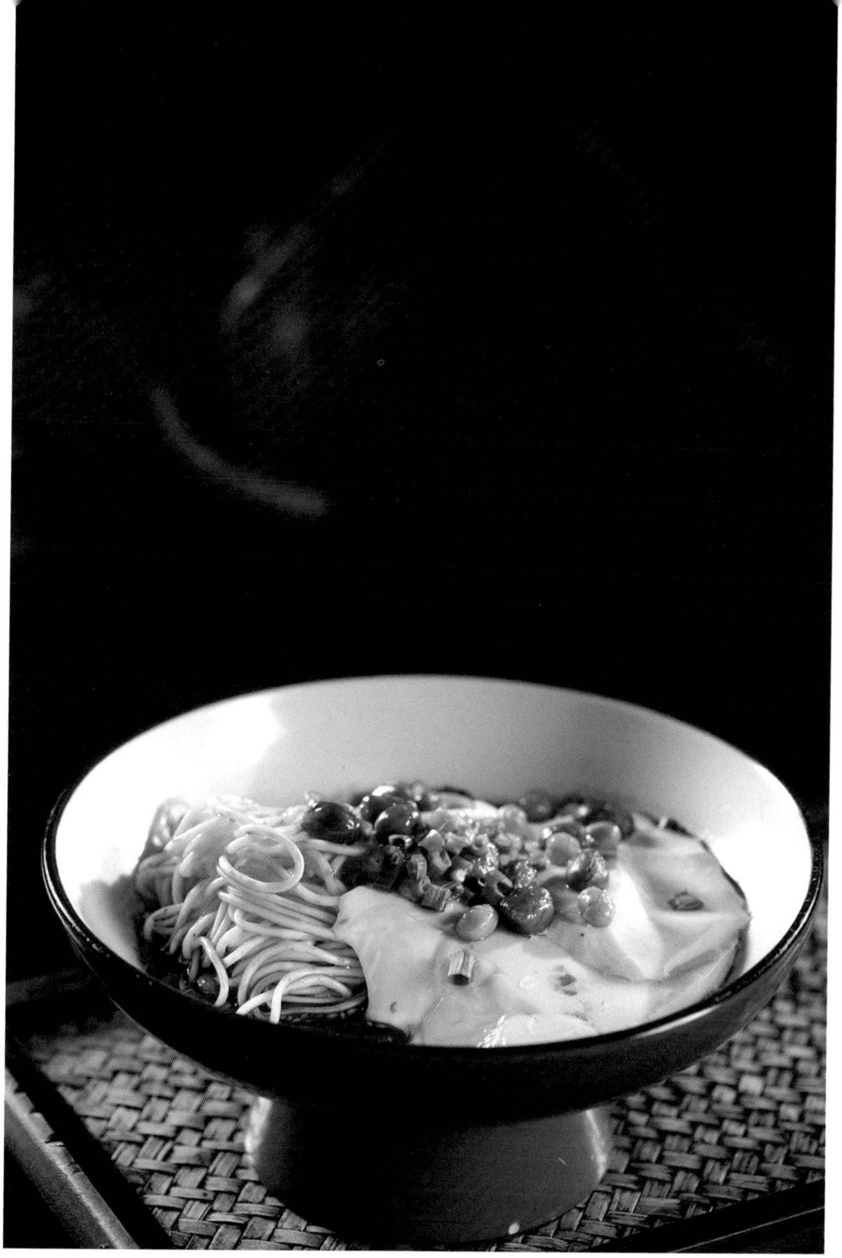

豆浆。

(2) 将豆浆烧沸后，勾入盐卤水拌匀，待其凝固后用刀在锅中划上几刀至锅底，压上筲箕，使部分窖水溢出，制成豆花。

(3) 榨菜洗净切成末，大蒜剁成末，老姜剁成末，小葱切成葱花。

(4) 取一面碗，放入红油辣子、花椒粉、大蒜末、老姜末、酱油、麻油、味精、熟白芝麻。

(5) 煮面锅加水烧沸，放入面条煮至熟透，起锅挑于面碗内，舀入豆花，撒入榨菜末、油酥黄豆、花生碎、葱花即成。

肝腰合炒面

川菜、渝菜中，选用猪肝、猪腰烹制的菜品不少，如用猪肝烹制的白油肝片、软炸肝片、泡椒肝片、家常肝片、肝膏汤等，又如用猪腰烹制的火爆腰花、宫保腰块、冬菜腰块汤、椒麻腰片、怪味腰丝等。但其中没有猪肝和猪腰同时作为主料的菜品。这是因为，它们虽同属猪的内脏，但两者质地有区别：猪肝质地较细软，要求成菜有细嫩的口感；猪腰质地较紧密，要求成菜有脆嫩的口感。为充分保证两者在成菜之后的口感要求，厨师们在烹制猪肝时使用较低油温，而在烹制猪腰时选择较高油温。

后来，厨师们在传统渝菜“炒杂办”（鸡或鸭的肝、腰、胗、肠同烹一菜）的基础上大胆创新，经反复试制，终于将这两种不同质地的食材炒成一菜，并且保持了它们各自的最佳口感。肝腰合炒的研制成功，是新一代渝厨不断追求技术进步的又一杰作。

肝腰合炒一经推出，不少食客就建议将其作为小面臊子供应。于是，肝腰合炒正式与重庆小面结缘，以其脆爽与滑嫩相结合的独特口感，受到广大食客一致好评。

肝腰合炒面制作方法

主料：碱水湿切面 150 克，猪肝 100 克、猪腰 100 克（可供 2 碗面使用）。

辅料：菜籽油 200 克（实耗 15 克）、湿淀粉 30 克。

调料：泡椒 15 克、小米辣椒 10 克、大葱 20 克、老姜 15 克、大蒜 15 克、红油辣子 15 克、花椒粉 1 克、酱油 5 克、味精 2 克、鸡精 1 克、小葱 5 克、盐 1 克、鲜汤适量。

制作步骤：

（1）将猪肝切成厚 0.3 厘米的柳叶片；猪腰剔去腰臊，剞上花刀后切成粗 1 厘米的节。

（2）泡椒 5 克剁成末，10 克切成长 1.5 厘米的节；小米辣椒切成长 0.5 厘米的节；老姜 10 克切成末，5 克捣成蓉；大蒜 10 克拍碎，5 克捣成蓉；大葱切成长 2 厘米的节；小葱切葱花。

（3）将姜蓉、蒜蓉用冷开水兑成姜蒜汁水。

（4）将肝片和腰花用盐、湿淀粉码味。

（5）净锅置火口上，加油烧至 170℃，放入肝腰滑至断生，滗去多余的油后下泡椒末、泡椒节、大葱节、姜末、蒜末、小米辣，炒制出香，下鸡精、味精 1 克，炒匀起锅，制成臊子。

（6）取一面碗，放入酱油、姜蒜汁水、葱花、味精 1 克、红油辣子、花椒粉、鲜汤。

（7）煮面锅加水烧沸，放入面条煮至熟透，起锅挑入面碗内，舀入臊子即成。

红烧肉面

红烧肉，可以说是在中国影响力最大的猪肉菜品之一。它也是重庆每个家庭中最常见的家常肉菜之一。逢年过节，回家吃上妈妈亲手做的红烧肉，代表着游子们对温馨家庭的渴望和对亲人的思念。一位长期在外地的重庆人曾发出这样的感叹："妈妈烧的肉，巧手用心烹，汁浓色晶莹，肥瘦总相宜，流淌朴素美，慰藉思乡情，梦牵此肴香，夜醒无数回。"

红烧肉用来做面臊子也是很适合的。肉块色泽金黄，五香咸鲜，炽软回甜。在想家的时候，整上一碗红烧肉面，就好像回到家一样，温情就像微风，拂面而至。

红烧肉面制作方法之一

主料：碱水湿切面 150 克、猪三线肉 500 克（可供 5 碗面使用）。

辅料：菜籽油 100 克。

调料：红酱油 15 克、老姜 50 克、大葱 50 克、八角 1 克、桂皮 1 克、酱油 5 克、冰糖 5 克、味精 2 克、料酒 30 克，花椒粉、红油辣子、小葱适量。

制作步骤：

（1）将猪肉燎皮后用温热水刮洗干净，然后入沸水锅内煮至断生后

捞起，切成 2 厘米见方的块。

（2）老姜切成薄片，大葱切节后拍松，小葱切成葱花。

（3）净锅置火口上，加油烧至 150℃，放入猪肉炒至收缩吐油，烹入料酒、姜片、葱节继续翻炒，然后下红酱油炒至上色，加水淹没肉块，下八角、桂皮、冰糖，用小火烧至猪肉烂软皮皱，拣去姜、葱、八角、桂皮即成臊子。

（4）取一面碗，放入酱油、葱花、味精、花椒粉、红油辣子。

（5）煮面锅加水烧沸，放入面条煮至断生，起锅挑入面碗内，舀入红烧肉臊子即成。

红烧肉面制作方法之二

主料：碱水湿切面 150 克、猪三线肉 500 克（可供 5 碗面使用）。

辅料：菜籽油 100 克。

调料：红酱油 15 克、酱油 5 克、老姜 50 克、八角 2 克、桂皮 2 克、陈皮 4 克、冰糖 10 克、料酒 30 克、大葱 50 克、味精 2 克。

制作步骤：

（1）将猪肉燎皮后用温热水刮洗干净，切成约 2 厘米见方的块。

（2）老姜切成薄片，大葱切成节。

（3）锅置火口上，加油烧至 150℃，放入猪肉炒至吐油，下冰糖炒至色泽棕红，下姜片、葱节、八角、桂皮、陈皮、料酒炒至出香，待肉的表层开始轻微起酥后，下红酱油炒至上色，然后加水淹没肉块，用小火烧至猪肉皮糯肉软，拣去姜、葱、香料，下味精拌匀，制成臊子。

（4）煮面锅加水烧沸，放入面条煮至断生，起锅挑入面碗内，加入酱油，舀入红烧肉臊子即成。

特色毛肚面

重庆饮食的精髓在于不拘一格、张扬豪放，而最能代表重庆饮食的当数重庆渝菜、重庆火锅、重庆小面这三张响当当的“城市名片”。

众多火锅食材中最具有代表性的是牛的千层肚。因其肚叶上布满密密麻麻的细小颗粒，犹如毛毯一般，所以又得名为毛肚。

毛肚在重庆火锅中的重要性自然不必多说。重庆小面自然不甘落后，将烹制得法的毛肚制成小面臊子。毛肚臊子色泽棕红，麻辣浓郁，香味突出，柔软化渣，由于烹制时加入了牛油，使小面也带上了几分麻辣火锅的味道。

特色毛肚面制作方法

主料：碱水湿切面 150 克、牛百叶 500 克（可供 5 碗面使用）。

辅料：牛化油 50 克、猪化油 30 克、菜籽油 30 克、鲜汤 500 克。

调料：郫县豆瓣 30 克、糍粑辣椒 30 克、老姜 40 克、大蒜 50 克、小葱 5 克、花椒 5 克、八角 2 克、山柰 1 克、草果 2 克、白芷 2 克、陈皮 2 克、味精 2 克、酱油 5 克、鸡精 2 克、花椒粉 1 克、红油辣子适量。

制作步骤：

(1) 将牛百叶洗净，切成宽 1 厘米的条；小葱切成葱花，老姜切成

片，大蒜拍碎。

（2）将锅置于火口上，加入牛化油、猪化油、菜籽油，烧至 160℃，放入豆瓣、糍粑辣椒，用小火炒至色红出香时下入花椒、老姜、大蒜、山柰、八角、草果、白芷、陈皮，煵炒出香味后加入鲜汤，熬味后撇去料渣制成味汁。

（3）味汁倒入高压锅烧沸，放入牛百叶条，加盖后压制 5 分钟，揭盖后下味精、鸡精，制成臊子。

（4）取一面碗，放入酱油、味精、红油辣子、花椒粉、葱花。

（5）煮面锅加水烧沸，放入面条煮至断生，起锅挑入面碗内，舀入带汁的毛肚臊子即成。

注：亦可用牛蜂窝肚制作牛肚面。

格格面

“咸烧白，甜鲊肉，红白喜事夹闪闪（重庆话，指肥肉），八大碗，九斗碗，大姨妈（肘子）最后端上来。”这是流传在川渝地区的儿歌，其中的鲊肉就是粉蒸肉。用小蒸笼直接装肉蒸制的菜肴，在重庆部分地区（如城口、万州、开州等）被叫作“格格”，视使用的食材不同，有羊肉格格、排骨格格、肥肠格格等。

各地在制作粉蒸类菜品时，常有一些微妙的区别。用作打底的辅料就有红苕、土豆、芋儿、南瓜、鲜豌豆、干豇豆、四季豆、山药等；使用的鲊米粉（又叫蒸肉粉）有大米制成的，也有用大米加糯米制成的，还有用大米、糯米加黄豆制成的；制作鲊米粉的米有的是炕熟的，有的是铁锅炒熟的，还有的是烤箱烤熟的，等等。

重庆城口、万州、开州等地制作的格格菜肴，采用的是以大米加糯米制成的鲊米粉，在码粉之前还要让肉吃足水分，并且习惯加入酌量油脂，成菜色泽红润，上粉均匀，咸鲜辣香，柔软化渣。

一位陕西客人在品尝格格面后感触良多，当即以一首打油诗为格格面“点赞”：“面摊开在街边角，特色面条吃热络，羊肉格格飘香气，色红滋润好浇头。”

羊肉格格面制作方法

主料：碱水湿切面 150 克、羊肉 500 克（可供 5 碗面使用）。

辅料：土豆 200 克、筒骨汤 30 克、大米 70 克、糯米 30 克、菜籽油 50 克。

调料：郫县豆瓣 50 克、干红辣椒面 20 克、红油辣子 15 克、花椒粉 2 克、老姜末 25 克、八角 3 克、花椒 3 克、酱油 5 克、白糖 5 克、味精 2 克、小葱 50 克、芫荽 50 克。

制作步骤：

（1）将羊肉改刀成长 3 厘米、宽 1.5 厘米、厚 0.5 厘米的片；土豆切成 2 厘米见方的块。

（2）小葱切成葱花，芫荽切成长 4 厘米的节，郫县豆瓣剁细，八角磨成粉。

（3）净锅置火口上，烧热后放入大米、糯米炒香，然后放入花椒，炒香后起锅，待冷却后一同磨成粗沙粒状，制成蒸肉粉。

（4）净锅置火口上，加油 30 克，烧至 140℃，放入豆瓣，用小火煵至色红出香后下辣椒面炒香，然后下姜末炒后起锅。

（5）将豆瓣、八角粉、味精 1 克、白糖与羊肉充分拌匀，码味 30 分钟后放入蒸肉粉、菜籽油 20 克、清水 10 克拌匀。

（6）取一只小格蒸笼，先用土豆块打底，装入拌好的羊肉，上笼用大火蒸至表层断生，此时揭开笼盖，及时洒入适量清水，然后盖好笼盖，继续用大火蒸至熟透，即成羊肉格格。

（7）取一面碗，放入酱油、红油辣子、花椒粉、葱花、味精 1 克，加入筒骨汤。

（8）煮面锅加水烧沸，放入面条煮至熟透，起锅挑于面碗内，取羊肉格格翻扣于面条上，撒上芫荽即成。

肥肠格格面制作方法

主料：碱水湿切面 150 克、猪大肠 500 克（可供 5 碗面使用）。

辅料：土豆 200 克、面粉 150 克、大米 70 克、糯米 30 克、菜籽油 50 克、鲜汤 20 克。

调料：郫县豆瓣 30 克、甜酱 15 克、老姜 25 克、陈皮 5 克、花椒 3 克、盐 15 克、味精 3 克。

制作步骤：

（1）将猪大肠先用清水清洗一次后沥干水分，用盐 13 克加面粉反复揉搓猪大肠，然后冲洗干净，切成长 2.5 厘米的节。

（2）老姜切成末，陈皮切成末，豆瓣剁蓉，土豆切成 2 厘米见方的块。

（3）净锅置火口上烧热，放入大米、糯米炒香后，再放入花椒炒香起锅，冷却后一同磨成粗沙粒状，制成蒸肉粉。

（4）净锅重置火口上，加油 30 克烧至 140℃，下豆瓣煵至色红出香起锅。

（5）取一容器，放入肥肠，下豆瓣、甜酱、味精、盐 2 克、老姜末、陈皮末拌和均匀，码味 30 分钟后放入蒸肉粉、菜籽油 20 克、鲜汤，拌匀。

（6）取小格蒸笼，先用土豆块打底，然后装入肥肠，上笼蒸至肥肠熟透，即成肥肠格格。

（7）煮面锅加水烧沸，放入面条煮至熟透，起锅挑于面碗内，取肥肠格格翻扣于面条上即成。

排骨格格面制作方法

主料：碱水湿切面 150 克、猪排骨 500 克（可供 5 碗面使用）。

辅料：红苕 200 克、大米 40 克、糯米 30 克、黄豆 20 克、菜籽油 50 克。

调料：大葱叶 30 克、腐乳汁 5 克、老姜 25 克、红糖 5 克、花椒 3 克、郫县豆瓣 40 克、味精 2 克、醪糟汁 10 克。

制作步骤：

（1）将排骨斩成长 2 厘米的节，红苕切成 2 厘米见方的块。

（2）老姜切成末，郫县豆瓣剁细，大葱切成细蓉，红糖压成末。

（3）净锅置火口上烧热，放入黄豆炒香起锅，然后放入大米、糯米炒至出香，再下花椒炒香起锅，冷却后一同打成粗沙粒状，制成蒸肉粉。

（4）净锅重置火口上，加油 30 克烧至 140℃，下豆瓣炒至色红出香起锅。

（5）将排骨置于容器内，放入大葱蓉、腐乳汁、豆瓣、姜末、醪糟汁、红糖末、味精拌和均匀，码味 30 分钟，然后放入蒸肉粉，菜籽油 20 克，清水 15 克，再次拌和均匀。

（6）取小格蒸笼，先放入拌和好的排骨，然后放入红苕，上笼蒸至熟透端离火口成排骨格格。

（7）煮面锅加水烧沸，放入面条煮至熟透，起锅挑于面碗内，取粉蒸排骨翻扣于面条上即成。

泡椒牛肉丝面

“泡坛咸菜不了情，家常小炒最知音。”泡菜，在重庆人的餐桌上具有举足轻重的地位。泡菜中的泡椒、泡姜因其入坛之前自带辛辣味，当它们与泡菜坛中的乳酸菌相遇之后，就形成了一种辛辣中带微酸，微酸中带醇鲜的独特味道。

泡椒、泡姜制作的小面臊子中，泡椒牛肉丝算得上是最受欢迎的几种之一。正因如此，重庆小面商家在制作它的时候特别上心。一份上好的泡椒牛肉丝，色泽红亮，粗细均匀，咸鲜微辣，质地细嫩，与面条同食，有开胃爽口的效果。

泡椒牛肉丝面制作方法

主料：碱水湿切面 150 克、净瘦牛肉 300 克（可供 4 碗面使用）。

辅料：菜籽油 100 克、芹菜 100 克、湿淀粉 40 克、筒骨汤 20 克。

调料：泡椒 30 克、泡姜 20 克、红油辣子 15 克、大蒜 5 克、花椒粉 1.5 克、白糖 1 克、酱油 5 克、盐 1 克、味精 2 克、小葱 5 克。

制作步骤：

（1）将牛肉切成长 6 厘米、粗 0.4 厘米的丝；芹菜切成长 5 厘米，粗 0.4 厘米的丝。

（2）泡椒 20 克去蒂、去籽，切成 1.5 厘米长的节，10 克剁成蓉；

泡姜 10 克切成末，10 克切成长 4 厘米、粗 0.3 厘米的丝；大蒜切成末，小葱切成葱花。

（3）将牛肉丝用盐及少量清水码匀，再下湿淀粉抓匀。

（4）净锅置火口上，加油烧至 140℃，放入牛肉丝炒至断生，随即下泡椒蓉、泡姜末、蒜末炒出香，然后放入芹菜炒断生，下泡椒节、姜丝、白糖、味精 1 克，炒匀起锅，制成臊子。

（5）取一面碗，放入酱油、红油辣子、花椒粉、味精、葱花、筒骨汤。

（6）煮面锅加水烧沸，放入面条煮至熟透，起锅挑入面碗内，舀入臊子即成。

酸菜滑肉面

滑肉是重庆农村的一道家常菜，即用农家自产的红苕淀粉或土豆淀粉将猪瘦肉片码芡，然后用沸汤或沸水氽至断生而成。由于码芡较重，肉片表面光滑，有一层半透明状的淀粉糊，使口感更加滑嫩，故称为“滑肉”。

制作酸菜滑肉，要使用陈年泡菜坛里泡制一年以上的芥菜。重庆地区几乎每家每户都有自己的泡菜坛子，一坛一味，各不相同。可以说，自家泡菜的味道正代表着“家”的滋味。

老坛泡菜色泽黄润，酸味醇正，乳香浓郁，在使用前，需用一定温度的油对其进行炒制。这样做的目的，一是通过油温使芥菜的酸味减弱；二是使乳酸菌散发出更加醇正的乳香。使用老坛泡菜制作的酸菜滑肉咸鲜适口，质地滑嫩，加入面条中，可以使汤色浅黄，香味扑鼻。

酸菜滑肉面制作方法

主料：碱水湿切面 150 克、前夹眉毛肉 100 克（可供 2 碗面使用）。

辅料：红苕湿淀粉 50 克、混合油 50 克、筒骨汤 60 克。

调料：酸芥菜 40 克、大葱 30 克、酱油 5 克、老姜 30 克、大蒜 5 克、味精 1 克、鸡精 1 克、盐 1 克。

制作步骤：

（1）将肉切成约厚 0.3 厘米、长 4 厘米、宽 2 厘米的片；酸芥菜切成长 4 厘米、宽 2 厘米、厚 0.4 厘米的片；大葱切成长 4 厘米的节。

（2）将老姜 25 克切成薄片，5 克捣蓉；大蒜捣蓉。姜蒜蓉用冷开水兑成姜蒜汁水。

（3）肉片加入盐和红苕淀粉码匀。

（4）净锅置火口上，加水烧沸，放入肉片滑至断生捞起。

（5）净锅重置火口上，加油烧至 140℃，放入老姜片、葱段，煵香后放入酸芥菜片炒匀，加入适量筒骨汤，熬味后拣去姜片、葱节，放入汆好的肉片，下鸡精拌匀，制成臊子。

（6）取一面碗，放入酱油、姜蒜汁水、味精，加入余下的筒骨汤。

（7）煮面锅加水烧沸，放入面条煮至熟透，起锅挑入面碗内，舀入酸菜滑肉即成。

煳辣酸菜鸭血面

善用麻辣是渝菜调味的精髓。“煳辣”是麻辣味中比较有特点的一种，即采取一定的油温焦化干辣椒和花椒，使其脱水至恰到好处，脂溶后产生出麻辣不燥、焦香扑鼻的调味效果。

鸭血做成“煳辣”口味，再加上酸菜助力，味道就更加别致了。鸭血块形方正，均匀入味，口感细嫩柔软；酸菜带来的乳酸味浓郁，为滑爽的面条增添了咸鲜辣香。

煳辣酸菜鸭血面制作方法

主料：碱水湿面条 150 克、鲜鸭血 250 克（可供 5 碗面使用）。

辅料：酸菜 30 克、鲜汤 50 克、色拉油 30 克、猪化油 25 克。

调料：干辣椒节 10 克、干花椒 5 克、大蒜 10 克、老姜 5 克、酱油 8 克、食盐 3 克、味精 2 克、鸡精 1 克。

制作步骤：

（1）净锅置火口上，加入清水，放入鸭血，下盐 2 克，用小火将水逐步烧热，鸭血熟透后将其捞于冷水中浸泡，冷却后改刀成块状。

（2）酸菜洗净，改刀成长 2 厘米的节；大蒜切成薄片，老姜切成末。

（3）净锅重置火口上，加入猪化油烧至 140℃，放入酸菜、蒜片、姜末炒至出香，加入鲜汤烧沸熬味后放入鸭血，下味精 1 克、鸡精 1 克、

盐 1 克。

（4）净锅再置火口上，加入色拉油烧至 180℃，先放入干辣椒节炝出香味，再放入干花椒炝出香味，然后起锅连油一同淋于酸菜鸭血上，制成臊子。

（5）取一面碗，放入酱油、味精 1 克。

（6）煮面锅加水烧沸，放入面条煮至熟透，起锅挑入面碗内，舀入酸菜鸭血臊子即成。

卤肉面

卤，中国烹饪最传统的烹制方法之一。卤与煮一脉相承，皆为通过水为导热介质，烹饪食材至熟。在渝菜中，卤菜按成品颜色分有红卤和白卤；按口味分有五香卤和辣卤；按食材分，又有荤卤和素卤，这些类型“排列组合”，口味千变万化。

无论采取哪种方法进行卤制，香料的投入应慎之又慎，香料品种过多、投入量过大，会使成菜香味太重，产生药气；香料品种过少、投入量过少，会使卤香味不足，压不住食材的异味。只有坚持标准化的卤菜制作，才会使卤菜的色、香、味达到较佳效果。

卤肉“五香悠长齿留芳”，鲜香美味，软而不烂，一碗热气腾腾的面条，放上数片卤肉，其香味更是扑鼻，不知吸引了多少回头客的光顾。

卤肉面制作方法

主料：碱水湿面条 150 克、猪净瘦肉 500 克（可供 8 碗面使用）、色拉油 500 克。

辅料：鲜汤 2000 克、猪化油 50 克、冰糖 50 克、糖色 100 克、油酥花生碎 5 克。

调料：

（1）卤水调料（可卤制 5000 克原料）：八角 25 克、桂皮 9 克、

草果 5 克、山柰 7 克、丁香 1 克、白扣 3 克、香叶 25 克、灵草 1 克、排草 2 克、小茴香 4 克、砂仁 8 克、白芷 2 克、肉豆蔻 2 克。

（2）其他调味原料：大葱 500 克、老姜 40 克、五香粉 5 克、胡椒粉 7 克、食盐 20 克、料酒 250 克、鸡精 12 克、味精 12 克、洋葱 300 克、花椒 5 克。

（3）面条调料：红油辣子 15 克、花椒粉 1 克、酱油 4 克、葱花 5 克、姜蒜汁水 10 克、味精 1 克、芝麻酱 3 克。

制作步骤：

（1）八角、桂皮掰成小块，草果去籽，白扣、肉豆蔻、砂仁拍破，白芷、灵草、排草切碎。将所有香料用清水淘洗后装入纱布袋，制成卤包。取卤水锅，放入竹篾垫底，下卤包。大葱切节。

（2）炒锅置火口上，加入色拉油、猪化油，烧至 150℃，放入葱节、姜块、洋葱煵炒出味后加入鲜汤，下胡椒粉、冰糖、料酒，烧沸后撇去浮沫，然后用小火熬制出香，下盐、糖色，倒入卤水锅中，制成卤水。

（3）猪瘦肉洗净，用盐 3 克、姜片 10 克、葱节 10 克、五香粉、料酒 50 克、花椒 5 克码味 2 小时后拣去姜葱。

（4）卤水锅置于火口，放入猪瘦肉，用大火烧沸后撇去浮沫，然后改用中火，将猪肉卤至熟透入味后，将卤水锅端离火口，继续浸泡猪肉 15 分钟左右，然后捞起放凉。

（5）将卤肉按肌肉纹路横切成厚 0.2 厘米的薄片。

（6）取一面碗，放入酱油、姜蒜汁、红油辣子、花椒粉、味精、芝麻酱、花生碎、葱花，加入鲜汤 30 克。

（7）煮面锅加水烧沸，放入面条煮至熟透，起锅挑入面碗内，放上卤肉片即成。

煳辣鳝鱼面

鳝鱼又叫黄鳝、无鳞公子等，属于淡水鱼类中的上佳食材之一。重庆地区的水田塘堰众多，特别适合鳝鱼的生长，一年四季皆有供应。

鳝鱼每年清明前后开始产卵，鱼卵在产后 6~7 天即可孵出幼鱼，幼鱼到每年的小暑时节长成成鱼，此时的鳝鱼营养最丰富、肉质最鲜美，所以民间有“小暑黄鳝赛人参”之说。

民谚又有“鸡鱼蛋面当不到火烧黄鳝”的说法，可见黄鳝的受欢迎程度。煳辣黄鳝与重庆小面“结伴而行”，成品色泽红亮，麻辣咸鲜，口感柔软化渣，是一道颇具特色的美味面食。

煳辣鳝鱼面制作方法

主料：碱水湿切面 150 克、鳝鱼 300 克（可供 5 份鳝鱼面使用）。

辅料：芹菜 200 克、大葱 100 克、菜籽油 120 克、筒骨汤 365 克。

调料：郫县豆瓣 20 克、干辣椒 20 克、大蒜 30 克、老姜 30 克、花椒 5 克、盐 4 克、白糖 1 克、酱油 5 克、味精 2 克、花椒粉 1 克、料酒 15 克。

制作步骤：

（1）将鳝鱼片切成长 5 厘米的节，用盐揉匀后冲洗干净。

（2）芹菜撕去老筋后切成长 4 厘米的节，大葱切成长 4 厘米的节，干辣椒去蒂后切成长 2 厘米的节。

（3）将老姜 25 克剁成末，5 克捣蓉；大蒜 25 克剁成末，5 克捣蓉。姜蒜蓉用冷开水兑成姜蒜汁水。

（4）郫县豆瓣剁蓉后用料酒调匀稀释。

（5）净炒锅置火口上，加油烧至 160℃，下干辣椒节、花椒炝出味后，下郫县豆瓣、大蒜末、姜末煵至色红出香，加入筒骨汤 350 克，放入鳝鱼，烹入料酒，下白糖，烧至鳝鱼质地㸆软，放入芹菜、葱段炒至断生，下味精 1 克拌匀起锅，制成臊子。

（6）取一面碗，放入酱油、姜蒜水、味精 1 克，加入筒骨汤 15 克、花椒粉。

（7）煮面锅加水烧沸，放入面条煮至熟透，起锅挑于面碗中，舀入臊子即成。

双椒小炒牛肉面

《淮南子·齐俗训》中有云："今屠牛而烹其肉，或以为酸，或以为甘，煎熬燎炙，齐味万方，其本一牛之体。"用牛肉制作"齐味万方"的菜肴，虽然有夸张的成分，但用牛肉制作的菜肴品种之丰却是事实。

牛肉营养丰富，胆固醇含量较低，被视为人类最佳肉类食材之一。牛肉在西餐中使用特别广泛，有"西餐无牛，厨师束手"的说法。

双椒，指的是鲜小米辣椒与泡小米辣椒。鲜椒的清辣与泡椒的酸辣同时体现在牛肉上，成菜色泽金黄红亮，肉丝粗细均匀，口味辣香咸鲜，口感质地细软，与面条正是一双"好搭档"。

双椒小炒牛肉面制作方法

主料：碱水湿切面 150 克、净瘦黄牛肉 150 克（可供 2 碗面使用）。

辅料：鲜红尖椒 50 克、泡红尖椒 50 克、菜籽色拉油 70 克。

调料：酱油 5 克、盐 1 克、料酒 15 克、味精 2 克、姜蒜水（姜、蒜各 5 克兑水制成）、白糖 2 克、芝麻酱适量。

制作步骤：

（1）牛肉洗净切成长约 6 厘米、粗 0.5 厘米的丝，用盐、料酒码匀。

（2）鲜尖椒、泡尖椒均去蒂、去籽，分别切成长 1 厘米的斜刀节。

（3）净锅置火口上，加油烧至 130℃，放入牛肉炒至断生，先下鲜尖椒节炒至断生，再下泡椒节炒出香味，下味精 1 克、白糖，拌匀起锅，即成臊子。

（4）取一面碗，放入酱油、味精 1 克、姜蒜水、芝麻酱。

（5）煮面锅加水烧沸，放入面条煮至断生，起锅沥干后挑入面碗内，舀入臊子即成。

酸菜肉丝面

汉代许慎在《说文》中指“菹”为“鲊菜”，即酸菜。《说文》中还提到了另外一个字——“薀”，为泡菜容器。这说明，我国最晚在汉代就已经开始泡制酸菜了。

重庆地区泡制酸菜的历史十分悠久，考古学家在大宁河流经重庆巫溪境内的西晋墓葬中挖掘出了一个距今已经1700多年的土陶四系双唇罐，在忠县乌军镇将军村也出土了有1500多年历史的泡菜坛。

一千多年里，我们的祖先对泡菜坛盐水和泡制食材经过不断反复实践，发现产于我市的一种芥菜是泡制酸菜的好材料，用它泡出来的酸菜，色黄、质脆、味醇。用酸菜炒肉丝做面臊子，成品色泽浅黄，口味咸鲜醇正。酸菜所具有的特殊乳酸味，经过家乡山水的洗礼，带给我们浓浓的乡情和亲情。

酸菜肉丝面制作方法之一

主料：碱水湿切面150克、猪瘦肉丝200克（可供3碗面使用）。

辅料：泡酸菜梗80克、菜籽油50克、猪化油适量、湿淀粉80克、筒骨汤30克。

调料：红油辣子15克、大葱20克、小葱5克、小米辣20克、花椒粉5克、酱油5克、盐2克、味精3克、姜20克、蒜5克。

制作步骤：

（1）将肉切成长 5 厘米、粗 0.3 厘米的丝，加入清水 15 克搅上劲，然后用盐、味精 1 克、湿淀粉码匀。

（2）酸菜切成长 5 厘米、粗 0.3 厘米的丝；小米辣去蒂，对半剖开后去籽，切成粗 0.3 厘米的丝；老姜 5 克剁成末，15 克切成片；大蒜剁成末；小葱切成葱花；大葱切节后拍松。

（3）净锅置火口上，加入菜籽油烧至 140℃，放入酸菜丝炒香后下

小米辣炒至断生，下盐 1 克、味精 1 克，炒匀起锅装入盛臊子的容器内。

（4）净锅重置火口上，加水烧沸，下姜片、葱段熬味后拣去姜片、葱段，将肉丝抖散入锅汆至断生，起锅装入另一个盛臊子的容器内。

（5）取一面碗，放入姜末、蒜末、红油辣子、酱油、味精 1 克、花椒粉、筒骨汤、猪化油调匀。

（6）煮面锅加水烧沸，放入面条煮至熟透，起锅挑于面碗内，先舀入酸菜丝于碗的一端，然后舀入肉丝于碗内的另一端，撒上葱花即成。

酸菜肉丝面制作方法之二

主料：碱水湿面条 150 克、猪瘦肉 200 克（可供 3 碗面使用）。

辅料：泡酸菜 80 克、混合油 80 克、鲜汤 200 克、湿淀粉 80 克。

调料：石柱红干辣椒 10 克、红花椒 5 克、盐 1 克、鸡精 2 克、味精 2 克、酱油 5 克、姜 5 克、蒜 5 克、小葱 5 克。

制作步骤：

（1）将酸菜浸漂淘洗后捞起挤干水分，取梗切成长 5 厘米、粗 0.3 厘米的丝。

（2）瘦肉切成长 5 厘米、粗 0.3 厘米的丝。

（3）姜剁成末、大蒜剁成末；小葱切成葱花；干辣椒去蒂、去籽后切成长 1.5 厘米的节。

（4）取一碗放入肉丝，用盐、湿淀粉码味。

（5）净锅置火口上，加油烧至 160℃时下辣椒节炝至呈棕红色，下花椒炝香，随即下酸菜丝炒出香味，加入鲜汤烧沸。

（6）将肉丝抖散入锅煮至断生，下味精 1 克、鸡精，拌匀起锅，制成臊子。

（7）取一面碗，放入姜末、蒜末、味精 1 克、葱花、酱油。

（8）煮面锅加水烧沸，放入面条煮至熟透，起锅挑于面碗内，连汁舀入臊子即成。

红烧牛筋面

牛是人从事拉犁、拉磨、拉车等重活时的好帮手。牛的力气大，依靠的是四只粗壮的牛蹄以及牛蹄上的牛筋，为此，牛筋在重庆还有一个称呼——“大力”。

以前市场上出售的牛筋基本上以干品为主，由于发制干牛筋麻烦费时，所以用牛筋制作的菜品也不多。随着各地饲养肉牛的规模越来越大，出栏率越来越高，市场上开始出现鲜牛筋，这也为牛筋面的出现提供了条件。红烧牛筋不但具有牛肉的美味，还具有细柔滑软的口感，制成的红烧牛筋面大受食客欢迎，现已成为重庆小面中一款相当受欢迎的臊子面。

红烧牛筋面制作方法

主料：湿切碱水面 150 克、黄牛肋肉 1200 克、鲜牛筋 800 克（可供 15 碗面使用）。

辅料：菜籽油 120 克、牛化油 80 克、芫荽 5 克。

调料：郫县豆瓣 50 克、糍粑辣椒 35 克、老姜 80 克、花椒 3 克、干辣椒 5 克、八角 5 克、山柰 2 克、桂皮 2 克、香草 2 克、陈皮 3 克、小茴香 1 克、食盐 3 克、味精 2 克、鸡精 2 克、白糖 5 克、大蒜 5 克、酱油 5 克。

制作步骤：

（1）将牛肉洗净，用清水反复漂净血水后放入沸水锅中氽至断生，捞起用清水洗净浮沫（氽牛肉的原汁保留），然后切成 2 厘米见方的块。

（2）牛筋洗净，入沸水锅中氽至断生，捞起用清水洗净，切成约 2 厘米见方的块。

（3）郫县豆瓣剁细；老姜 75 克切成片，5 克捣成蓉；大蒜捣成蓉；芫荽切成长 4 厘米的节；干辣椒切成节；香料洗净，捞起沥干水分。

（4）将姜蓉、蒜蓉用冷开水兑成姜蒜汁水。

（5）净锅置火口上，加入菜籽油、牛化油，烧至 160℃，下干辣椒节、花椒煵香后捞起，锅中下豆瓣、糍粑辣椒、姜片，用小火煵至色红出香，然后下香料炒匀，加入原汁，放入牛筋块，下入煵过的干辣椒节、花椒、白糖、盐，用小火烧至牛筋质地半烂后，放入牛肉继续烧至牛肉、牛筋质地完全烂软，此时下鸡精 1 克、味精 1 克，起锅即成臊子。

（6）取一面碗，放入酱油、味精 1 克、鸡精 1 克、姜蒜汁水。

（7）煮面锅加水烧沸，放入面条煮至熟透，起锅挑入面碗内，舀入带适量汤汁的臊子，撒上芫荽即成。

三合一臊子面

“三合一”顾名思义就是将三种小面臊子合在一起，此处特指红烧牛肉、红烧牛筋和红烧肥肠。

三合一臊子面的由来还有一个小故事。一天夜里，重庆胖娃牛肉面馆正准备收堂。此时来了一位熟客，客人落座后，问还有没有红烧牛肉面卖。胖娃揭开锅一看，红烧牛肉只剩下了两三块，不够一碗面的量；胖娃又去看红烧肥肠，发现也剩得不多了。因为是熟客，于是胖娃便征求这位客人的意见：“牛肉不够，加几坨肥肠要不要得？”客人答道：“要得。”于是，一碗“二合一”面就这样诞生了。殊不知这位客人吃后反而觉得这种搭配别有一番风味。此后，这位客人每次到胖娃牛肉面馆吃面，都指定要牛肉肥肠面。后来，胖娃将牛肉、肥肠“二合一”升级为牛肉、肥肠、牛筋“三合一”，用料更足，更能令食客满意。

三合一臊子面制作方法

主料：湿切碱水面 150 克、红烧牛肉 50 克、红烧牛筋 50 克、红烧肥肠 50 克（制作过程略）。

辅料：芫荽 5 克。

调料：味精 1 克、鸡精 1 克。

制作步骤：

（1）取一面碗，放入味精、鸡精。

（2）煮面锅加水烧沸，放入面条煮至熟透，起锅挑入面碗内，舀入带原汤的红烧牛肉、红烧牛筋、红烧肥肠，撒上芫荽即成。

重庆特色面条

在重庆地区，除了麻辣小面和各种臊子面之外，还有不少具有地域性特色的面条。它们从各地传入重庆，带来的是不同文化背景的基因，汇入重庆小面海纳百川的胸怀之中，散发着自己独特的滋味。

韭香翡翠面

韭菜系我国栽培最早的蔬菜之一。中国现存最早的记录农事的历书《夏小正》中记载有："正月……囿有见韭。"《说文解字》："韭，菜名。一种而久者，故谓之韭。"我国民间历来就有"春初早韭"与"秋末晚菘（白菜）"之说。

利用色泽碧绿的蔬菜和面，然后加工成面条，这样的技术源于唐代，至今已有一千多年的历史。韭菜具有特殊香气，利用韭菜的色和味来加工面条，可使面条色泽碧绿，香气馥郁。

特点：色泽翠绿，咸鲜辣香，韭香悠长，质地滑爽。

制作方法

主料：高筋面粉 250 克、鲜韭菜 150 克。

辅料：鲜汤 250 克、鸡蛋 3 个。

调料：红油辣子 30 克、味精 2 克、酱油 8 克、麻油 5 克、青花椒油 5 克、葱花 5 克。

制作步骤：

（1）将韭菜去梗留叶绞蓉，用纱布包好挤出多余汁水，韭菜蓉加入调散的鸡蛋液，与面粉和匀，用压面机压二至三次后改刀成条状，制成韭菜面条。

（2）取一面碗，将酱油、红油辣子、花椒油、味精、麻油放入后掺入鲜汤。

（3）煮面锅加水烧沸，放入韭菜面条 150 克，煮至断生后捞于面碗内，撒上葱花即成。

咸菜鸡蛋面(月母子面)

咸菜鸡蛋面是重庆垫江、梁平、忠县等渝东地区比较常见的一款面条。

在渝东地区有一个风俗，女人生了小孩，其娘家要准备鸡蛋、挂面、猪油、祝米、胡酒等礼品送至婆家，看望产妇，并向其道贺。一般情况下，前去送礼品的都为女性（当地人称为“婆婆客”）。婆家为了招待这些娘家“婆婆客”，就会用猪油炒鸡蛋，掺上水，加家常咸菜熬味，然后下挂面煮好，请她们食用。旧时物质匮乏，这样的一道鸡蛋面已经算得上是口福。由于是向“月母子”（产妇）道贺才能吃上的面条，当地老百姓就给它取了一个“月母子面”的名字。如今，不论有没有人“坐月子”，人们都能在面馆里吃到这道咸菜鸡蛋面，但“月母子面”这个有几分亲昵与自豪的喜庆名字仍然被保留了下来。

特点：咸鲜适口带咸菜香，口感柔软。

制作方法

主料：干面 100 克、鸡蛋 2 个。

辅料：家常老咸菜 100 克、猪化油 80 克、鲜汤适量。

调料：盐 2 克、老姜 5 克、小葱 5 克、味精 1 克。

制作步骤：

（1）咸菜淘洗净后切成颗粒。老姜切成末，小葱切成葱花。

（2）鸡蛋破壳入碗，下盐 1 克，用筷子调成蛋浆。

（3）净锅置火口上，掺油烧至 160℃，用炒勺将油舀去一半，倒入蛋浆，待蛋浆开始起泡时，再把炒勺舀起的油倒入蛋泡中央，使之完全起泡，然后下咸菜粒、姜末炒至出香，掺入鲜汤，用大火将汤冲白，下盐、味精调味后放入面条，煮至熟透起锅装碗，撒入葱花即成。

挞挞面

挞挞面，又叫搭搭面，是重庆地区为数不多的随移民传入的手工面条之一。“挞”在重庆话中是“摔打”的意思，这种面条因厨师双手在案板上甩挞面团的动作和发出的“嗒嗒”声而得名。

二十世纪初，重庆街头的一些小吃店为了招揽顾客，经常会故意弄出响声，吸引路人的注意。如小吃店师傅擀烧饼时用擀扦敲击案板，发出“嗑嗑”的碰撞声；锅贴饺子出锅前，大师傅用锅铲敲打煎锅边沿，发出“哐哐”声。揉面时摔打面团发出“嗒嗒”声也是这个目的。行走在街上，老街坊们只要一听到“嗒嗒”声就知道挞挞面要下锅了。这些声音此起彼伏，富有烟火气，昭示着大师傅们对自己手艺的自信，如同一曲富有节奏感的“都市平民交响曲”。

特点：色泽红亮，粗细均匀，麻辣咸鲜，质地柔软。

制作方法

主料：中筋面粉 500 克（可制作 5 碗面条）。

辅料：白豌豆 200 克（可供 5 碗面使用）、猪化油 10 克、菜籽油 10 克、筒骨汤 30 克。

调料：红油辣子 20 克、酱油 10 克、盐 10 克、芝麻酱 3 克、宜宾芽菜 5 克、味精 1 克、小葱 5 克、姜 5 克、蒜 5 克。

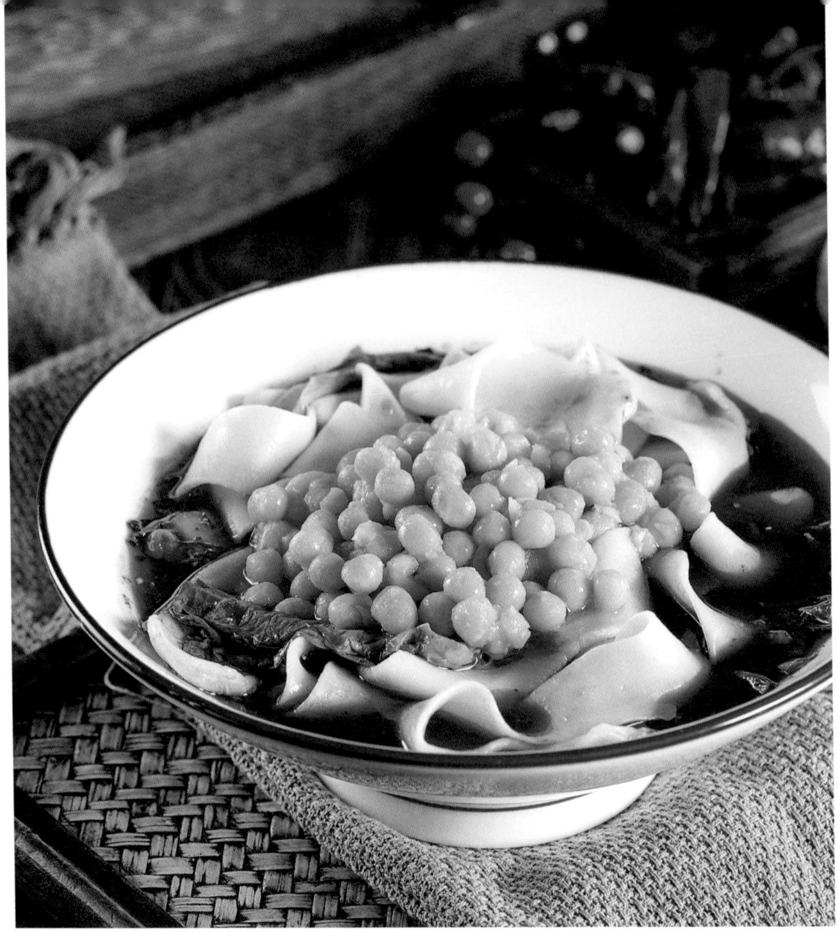

制作步骤：

（1）豌豆淘洗干净，用清水泡 6 小时后入锅用小火焖煮至烂透。

（2）取一容器，掺入清水，下盐搅匀，放入面粉揉成面团，分成 10 个剂子，搓成长 9 厘米的条后在表面刷上菜油以避免粘连，然后静置 60 分钟。

（3）老姜切成细末，蒜切成细末，葱切成葱花，芽菜切成细末。

（4）取一面碗，放入酱油、红油辣子、姜末、蒜末、葱花、芽菜末、猪化油、味精、筒骨汤、芝麻酱。

（5）取剂子一个，用手压扁，先用擀面杖擀成宽 8 厘米的长方形片，再用擀面杖顺着长边均匀地压五道面沟，然后双手横向捏住两端，在案板上边摔打边将面块拉长、拉薄，手指插入面沟，将面片挂在 5 个手指上，厚薄合适时，便可顺着拉薄的面沟将面条扯下，放入面锅沸水中，煮熟后挑于面碗内，淋上烂豌豆即成。

腊炕面

重庆城口老腊肉远近闻名，但说起城口的炕面，尚且是“养在深闺人未识”。实际上，腊肉与炕面是用同一种方法熏烤而成，也同样是招待客人的佳品。

二十世纪五六十年代，生活条件有限，城口山民在天气变冷之前需要准备大量的手工面条，供冬天食用。面条制成之后，他们将面条放于家中火炕炕架顶部的篾席上，利用每天烧柴的热烟熏烤至面条干透，使之具有色泽油黄、香气馥郁、保存期长的特点。最初的炕面仅是为了保存食物过冬，所以在用料和选择熏制的柴火时比较随意，熏制的时间以及熏制的方法也没有标准。后来，随着生活条件的改善，炕面制作方法逐步考究起来，木柴会专门选用柏树或青冈木的枝条，熏烤过程中还要添加花生壳、核桃壳、瓜子壳、柑橘皮等，并且采取充分避烟的熏烤方法，使熏烤出来的炕面色泽、香气更佳。

特点：色泽棕黄，麻辣咸鲜，腊香浓郁，质地柔软。

制作方法

主料：城口炕面 200 克（可制作 2 碗面条）。

辅料：城口老腊肉 100 克、植物油 50 克、鲜汤 200 克。

调料：泡椒 20 克、小葱 5 克、大蒜 5 克、酱油 5 克、蒜苗 15 克、花椒粉 1 克、红油辣子 10 克、白糖 2 克、味精 1 克。

制作步骤：

（1）将肥瘦各半的腊肉洗净后煮至熟透捞起，切成长 4 厘米、粗 0.6 厘米的丝，泡椒切成丝，蒜苗切成长 3 厘米的斜刀节，葱切成颗粒，大蒜切成末。

（2）净锅置火口上，加入油烧至 120℃，放入腊肉丝炒至吐油出香，放入蒜末、泡椒丝、蒜苗炒至出香，下白糖炒匀，起锅即成臊子。

（3）取一面碗，放入葱花、酱油、花椒粉、红油辣子、味精，再掺入鲜汤。

（4）面锅置火口上，加水烧沸，放入炕面煮至熟透后起锅装入面碗，舀入臊子即成。

土家蚕豆面

“翠荚中排浅碧珠，甘欺崖蜜软欺酥。沙瓶新熟西湖水，漆櫑分尝晓露腴。味与樱梅三益友，名因蠢茧一丝约。老夫稼圃方双学，谱入诗中当稼书。”这是诗人杨万里对蚕豆的赞美。蚕豆又叫胡豆或佛豆。重庆菜中以新鲜蚕豆制作的菜品不少，如金钩蚕豆、鸡油蚕豆、蚕豆鸭腰、蚕豆泥等。重庆石柱地区的蚕豆面则独树一帜，将蚕豆与菜叶、大米、黄豆磨成细蓉，然后摊成面皮，做成翠绿色的面块，其所含营养成分颇为丰富，食客在尝新、品味的同时，也达到养生、健体之效果。

特点：色泽翠绿，条形均匀，麻辣咸鲜，质地柔软。

制作方法

主料：嫩蚕豆 300 克、大米 100 克、嫩南瓜叶 50 克、黄豆 100 克（可制作 4 碗面条）。

辅料：菜籽油 100 克、筒骨汤 50 克、猪化油 5 克。

调料：红油辣子 5 克、酱油 10 克、花椒粉 1 克、麻油 5 克、熟芝麻 3 克、葱花 10 克、味精 1 克、榨菜末 5 克、油酥花生碎 5 克、芝麻酱 5 克。

制作步骤：

（1）将大米、黄豆浸泡五个小时后捞起与蚕豆、南瓜叶一起磨成面浆。

（2）取平底锅置火口上，刷匀少许菜籽油烧热，舀入面浆摊成薄饼状起锅，冷却后改刀成条状。

（3）取一面碗，放入酱油、红油辣子、花椒粉、麻油、猪化油、味精、花生碎、榨菜末、芝麻酱。

（4）煮面锅加水烧沸，放入蚕豆面块，煮熟捞于面碗内，倒入筒骨汤，撒上葱花、芝麻即成。

泡椒指耳面

“指耳面”是巴渝地区别具特色的传统风味名小吃之一。制作时，厨师将一小块面团放于竹制簸箕背上，拇指用力一压，便做出呈猫耳状有细竹纹的面片。由于用的是手指之力，且形状似猫耳，故这种面片被取名为“指耳面”。后来人们将制作工具由簸箕改为木梳，使面片加工更方便、速度更快，纹理也更清晰。此面最初是一道家常面食，原料仅为面粉加水。后来这种面传入酒楼、面馆中，厨师又以菠菜汁、番茄酱、鸡蛋黄分别和面，做成绿、红、黄“三色指耳面”；也有厨师在面汤中加入冬菇、火腿、鸡肉，做出了“三鲜指耳面”；亦有厨师将这种面片油炒成菜。

特点：色彩协调，形态美观，泡椒味浓，咸鲜适口，质地柔软。

制作方法

主料：中筋面粉 250 克、鸡蛋清 100 克（可制作 4 碗面条）。

辅料：花生油 50 克、蒜薹 50 克。

调料：盐 2 克、红泡椒 20 克、泡姜 10 克、大蒜 5 克、味精 1 克、白糖 1 克。

制作步骤：

(1) 面粉与鸡蛋清、盐和匀后揉至纯滑光润。

(2) 大蒜切成薄片；蒜薹切成长 2 厘米的节；泡姜切成长 1.2 厘米见方、厚 0.2 厘米的薄片；红泡椒 10 克去蒂、去籽，切成长 1.2 厘米的节，10 克剁成蓉。

(3) 揉好的面团搓成细长条后制成剂子，每个剂子重 3 克，然后按在洗净的专用木梳上，用大拇指使劲按压，使面片呈猫耳朵形状。

(4) 净锅置火口上，加水烧沸，放入指耳面片煮至熟透捞起。

(5) 净锅重置火口上，加入油烧至 170℃，下泡椒蓉、泡椒节、泡姜片、蒜片、蒜薹，炒出香味后放入指耳面片，下味精、白糖炒匀即成。

炉桥面

我国面点制作精细、品种繁多。到了宋代，城市中已经出现大量专售面食的店铺。尤其在南宋时期，大批北方人南迁，把食面的习俗推广至江南各地，促进了大江南北主食的交融。据宋代吴自牧所著的笔记《梦粱录》卷十六《面食店》记载，宋朝的“分茶店”卖“冷淘”“罨生软羊面”“桐皮面”等数十种面食。这些面大多在煮时加上配料而成，炉桥面便是在其基础上演变而来的。

特点：形似炉桥，咸鲜香辣，滑爽柔软。

制作方法

主料：面粉 200 克。

辅料：时令蔬菜心 80 克。

调料：酱油 25 克、红油辣子 20 克、味精 2 克、花椒粉 3 克、芽菜末 5 克、白糖 2 克、芝麻酱 5 克、葱花 10 克、姜末 5 克、蒜末 5 克、麻油 5 克、熟芝麻 4 克、熟花生碎 8 克。

制作步骤：

（1）面粉加清水、食碱拌和均匀，搓揉成团，饧发约 1 小时。

（2）将饧好的面团搓成直径为 5 厘米的长条状，扯成 5 个剂子。将剂子擀成直径约 12 厘米的薄圆片，再对叠成半圆形，用刀在半圆形的直

边上垂直切 5 刀，但不能切到圆弧边，距离圆弧边约 1 厘米。

（3）取一面碗，放入酱油、红油辣子、麻油、味精、花椒粉、芽菜末、白糖、姜末、蒜末、芝麻酱。

（4）面锅内加水烧沸，将半圆皮揭开放入，煮熟后捞入面碗中，撒上花生、熟芝麻、葱花即成。

炝锅肉丝面

“炝”是川菜的著名烹制技法，它利用热油的温度将干辣椒、花椒的辣味和麻味快速炝入原料之中，所以在烹饪行业里又将这种烹调方法称为“炝味”。“炝锅”是炝的一种具体实施手法。此处指在炒肉丝时投入一定量的葱节，利用油温将葱的香味炝入肉丝之内，再掺入鲜汤调味，以增加肉的香味。为了保留炝炒肉丝的香气，同时去掉面条的碱味，厨师们将面条事先用沸水煮至断生，再捞入炝锅肉丝汤料中。一道炝锅肉丝面，肉香与葱香结合，面鲜与汤鲜辉映，让食客们的味蕾得到享受。

特点：肉丝滑嫩，面条滑爽，葱香浓郁，咸鲜醇厚。

制作方法

主料：碱水湿切面 150 克、猪瘦肉 100 克。

辅料：猪化油 100 克、大葱 100 克、鲜汤 400 克、水淀粉 40 克。

调料：盐 4 克、味精 1 克、姜末 5 克。

制作步骤：

（1）将葱白切成 3 厘米长的节；瘦肉切成粗约 0.2 厘米、长 6 厘米的丝，用盐 1 克及水淀粉码味。

（2）净锅炙后置火口上，加入油烧至 140℃，放入肉丝炒至断生，

下葱节、姜末炝出香味，下盐 3 克，掺入鲜汤烧沸待用。

（3）另将净锅一口置火口上，加入清水烧沸，下面条煮至刚断生即捞入肉丝锅内，下味精调味，起锅即成。

烧椒面

烧椒，即用明火烘焙辣椒，制成具有特殊煳香、煳辣的调料。舂或剁成末的烧椒，最初只是被用在味碟中，或用来做凉拌菜。后来人们发现，烧椒作为小面佐料别具风味。

烧椒看似简单，其实做法非常考究。辣椒的体积有大有小，辣椒的皮层有薄有厚，辣椒的干燥程度有高有低……如均采用同一火候或同一方式加工，焦化程度不一致，将会直接影响到香辣口味的呈现。只有将辣椒进行恰到好处的焦化，才能够达到香中有辣、辣中出香的效果。

为了保证烧椒的品质，很多供应烧椒面的面店，都有技术过硬、经验丰富的专人专事制作烧椒的工作。烧椒技术在重庆丰都地区已经作为非物质文化遗产，得到传承发扬。

特点：咸鲜适口，辣香浓郁，质地柔软。

制作方法

主料：碱水湿切面 150 克。

辅料：时令蔬菜 100 克、筒骨汤 80 克、猪化油 5 克、油酥花生碎 5 克、榨菜粒 5 克。

调料：干红辣椒 20 克、酱油 8 克、老姜 5 克、大蒜 5 克、小葱 5 克、味精 1 克、鸡精 1 克。

制作步骤：

（1）将蔬菜择洗干净。

（2）老姜、大蒜分别捣成蓉，用冷开水兑成姜蒜汁；葱切成葱花。

（3）干红辣椒去蒂、去籽后炕焙成棕红色出锅，冷却后舂成末。

（4）取一面碗，放入猪化油、酱油、烧椒末、姜蒜汁、味精、鸡精、葱花、榨菜粒、花生碎、筒骨汤。

（5）煮面水烧沸，放入蔬菜煮至断生捞于面碗中，然后放入面条煮至熟透，挑于面碗中即成。

铺盖面

汉末刘熙在《释名·释饮食》中道："饼，并也。溲面使合并也。……皆随形而名之也。"古人亦以面条的形状为其命名，后人也多遵循此传统。铺盖面便为典型例子。这道面食，因其形状为大面片，而获得"铺盖"之名，名虽夸张却与众不同。不同于别的面条，铺盖面的面积较大，易于夹裹佐料，味道也特别鲜香。

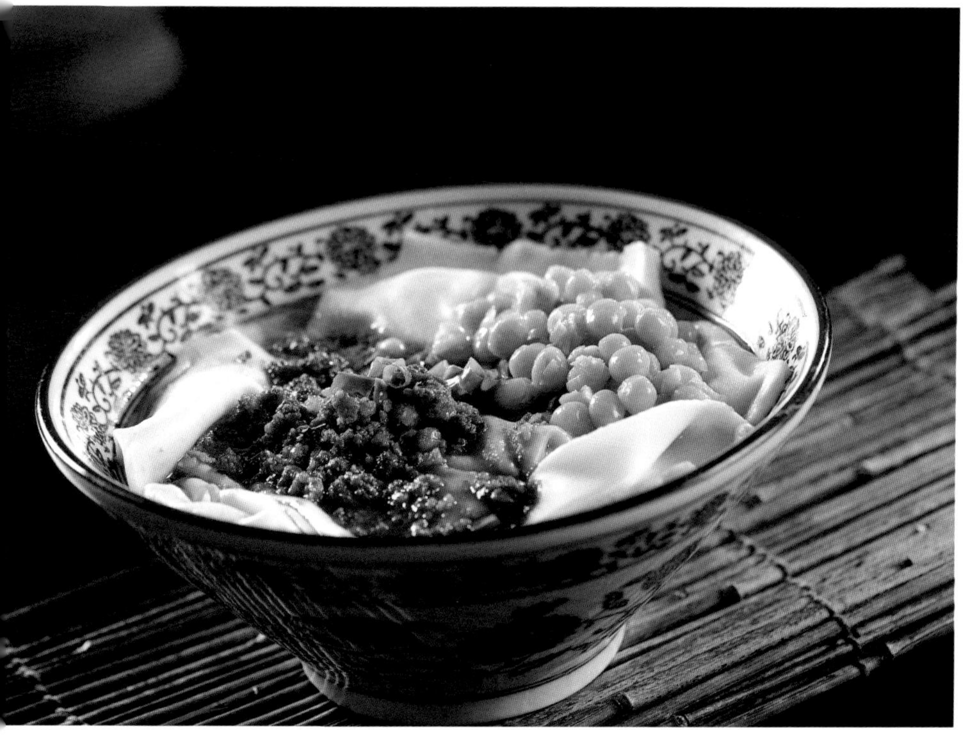

特点：色泽洁白，薄而大张，质地滑软，咸鲜酱香。

制作方法

主料：高筋粉 150 克、㸆白豌豆 50 克。

辅料：杂酱臊子 50 克、高汤（猪筒骨老母鸡汤）3000 克（实耗 50 克）、猪化油 5 克。

调料：味精 1 克、鸡精 1 克、葱花 5 克、食盐 3 克。

制作步骤：

（1）用盐 2 克加水调化成盐水，加入面粉中，揉和成面团，静置待用。

（2）再将盐 1 克兑成盐水。

（3）锅中掺入高汤烧沸，将面团扯成大而薄的面片，入锅煮至断生后捞于面碗内，放入猪化油、盐水、味精、鸡精，舀入杂酱臊子、㸆白豌豆，撒上葱花即成。

抄手面

广东有云吞面，重庆有抄手面。云吞与抄手是馄饨的地方叫法，它们都系采用压制或擀制的面皮包入特定的馅料而成。面条中加入煮熟的云吞叫云吞面，面条中加入煮熟的抄手叫抄手面。

民谚道：“吃面要吃嚼头，吃抄手要吃馅头。”一碗抄手面中，抄手的口感关系到整碗面的质量，而馅的口感也直接关系到抄手的质量。抄手选用猪肉制馅。为了保证馅的口感，有几点是应该重视的：一是应选用三肥七瘦的前夹肉制馅；二是用刀剁馅，使馅粒大小均匀；三是要吃够水分（姜、葱汁水）；四是要用力搅打上劲，使馅黏稠；五是应通过口尝试出是否咸淡适宜。

与云吞面不同，抄手面多为麻辣口味，一勺红油辣子下去，一碗美味诱人的红油抄手面就诞生了，吃得让人直呼过瘾。

特点：色泽红润，抄手馅质细嫩，面条滑爽，麻辣咸鲜。

制作方法

主料：碱水湿切面 100 克、抄手皮 10 张、猪前夹肉 100 克。

辅料：水淀粉 30 克、鸡蛋 20 克、筒骨汤 50 克。

调料：盐 1 克、味精 3 克、姜 20 克、葱 15 克、大蒜 5 克、酱油 4 克、花椒粉 1.5 克、红油辣子 20 克、胡椒粉 1 克、芝麻酱适量、猪化油适量。

制作步骤：

（1）老姜 5 克捣成蓉，15 克切成末；大蒜捣成蓉；用老姜蓉与大蒜蓉调成姜蒜汁；葱切成葱花。

（2）猪肉剁成蓉后加入盐、味精 0.5 克、水淀粉、鸡蛋、姜末 15 克、胡椒粉 1 克及清水，调匀后搅打上劲，制成抄手馅。

（3）抄手皮中放入适量馅，包成抄手。

（4）取一面碗，放入酱油、红油辣子、花椒粉、芝麻酱、猪化油、味精、姜蒜汁水、葱花后掺入筒骨汤。

（5）面锅加水烧沸，放入抄手、面条，煮至断生挑于面碗中即成。

鸡丝凉面

淋上红油的面条配上手撕的白色鸡肉丝，红白分明，诱人食欲。此面的最大特色在于其独创的“怪味”口感。“怪味”是在麻辣味的基础上增加了芝麻酱、糖、醋等调料而产生的。调制此味需要十余种调料，分量稍有差错便会影响味道，使风味出现偏差，所以厨师之间才流传有“怪不好调”和“怪难调”的调侃说法。时间一长，他们就干脆将这种能呈现麻、辣、甜、咸、酸并富鲜香的味道称为“怪味”。

特点：色泽红白分明，酸甜麻辣，咸鲜适口，鸡丝细软，面条爽口。

制作方法

主料：碱水细面条 150 克、土鸡脯肉 50 克。

辅料：绿豆芽 50 克、黄瓜丝 50 克、胡萝卜丝 50 克。

调料：麻油 10 克、红酱油 10 克、酱油 5 克、老姜 20 克、大蒜 5 克、醋 20 克、白糖粉 12 克、红油辣子 20 克、花椒粉 2 克、味精 2 克、鸡精 1 克、小葱 15 克、大葱 50 克。

制作步骤：

（1）将面条下入沸水锅内煮至断生即捞出，沥干后放于案板上摊开，待冷却后加入麻油抖散备用。绿豆芽氽至断生备用。

（2）老姜 10 克切成片，大葱切成节，下入锅中熬味后放入鸡脯肉，煮至断生捞起，冷却后撕成丝。

（3）大蒜捣成蒜蓉，老姜 10 克捣蓉，加入冷开水 10 克兑成姜蒜汁；葱切成葱花。

（4）取一面碗，将绿豆芽放入，然后放入面条。

（5）将酱油、红油辣子、花椒粉、白糖粉、醋、红酱油、味精、鸡精、蒜姜汁放入面条后，再放入胡萝卜丝、黄瓜丝，最后放入鸡丝，撒上葱花即成。

凉面

重庆凉面源于宋朝的冷淘。因需要煮熟放凉再拌佐料冷吃，所以得名凉面。由于重庆地区夏天气候炎热，凉面自问市起就受到广大食客的喜爱，成为继麻辣小面后的另一款广受欢迎的面条。

二十世纪四十年代，由成都人张华轩牵头，数人合伙在解放碑（原精神堡垒）南侧开设了一家名为“经济饭店”的小吃店，店中力推的凉面坚持当天氽制、晾凉，坚持现装碗现打佐料的流程，当一碗嫩黄光滑的面条，染着棕红色的油辣子，配上翠绿的葱花，点缀着晶亮白糖的凉面端于面前，食客们常常迫不及待地大快朵颐。

具有麻、辣、咸、酸、甜、香的凉面是在炎热的重庆夏季里受到大众钟爱的一款美味小吃。从凉面调料的使用中我们看到老一辈重庆人的智慧，其中少了猪化油、榨菜粒、花生碎，多了白糖、醋，正是这一“少”一“多”，使重庆凉面别具一番风味，开胃解暑。

特点：色泽红亮，酸甜麻辣，咸鲜适口，面条滑爽。

制作方法

主料：湿切面条 150 克。

辅料：绿豆芽 30 克。

调料：酱油 10 克、醋 8 克、麻油 5 克、大蒜 5 克、红油辣子 10 克、味精 1 克、花椒粉 1.5 克、白糖 5 克、葱花 5 克。

制作步骤：

（1）净锅置火口上，掺清水煮沸，将面条入锅快速汩至断生后捞起沥干，摊于专用案板上，放凉后加入麻油抖散。

（2）净锅置火口上，掺清水煮沸，放入绿豆芽汩至断生，捞起沥干。

（3）大蒜去皮后捣成泥，用冷开水 10 克兑成蒜汁水。

（4）取一面碗，放入绿豆芽打底，挑入凉面，然后依序放入酱油、红油辣子、醋、蒜汁水、味精、花椒粉、白糖、葱花即成。

甜水面

甜水面是二十世纪五十年代在重庆十分流行的一种面条，因其所用酱油需以麦芽糖特别熬制而得名。

甜水面的面条以盐水和面手擀而成。由于其面条较粗，质地绵韧，口味浓郁具有冲击性，故被称为重庆面条中的“男子汉”。

甜水面通常以“干溜”的形式出现，其目的是使红油辣子、芝麻酱、蒜泥、熬制酱油等调料能充分地裹于面条上。满碗通红的甜水面吃进肚里，撞击的是食客的味蕾，染红的是食客的双颊。这种麻辣中带回甜，咸鲜之中呈五香的风味获得很多年轻人的青睐，特别是重庆的姑娘们，更是钟情于这款具有阳刚之气的面条。

由于甜水面在制作上既要手工揉面、拉面，又要用麦芽糖熬制酱油，比较费工费时，现在已经较难寻觅，但它仍然是很多老重庆人心中永远也无法抹去的回忆。

特点：色泽红亮，麻辣咸鲜带回甜，面条绵韧爽滑。

制作方法

主料：面粉 750 克。

辅料：色拉油 200 克。

调料：盐 75 克、酱油 200 克、麦芽糖 100 克、山柰 1 克、八角 2 克、草果 1 克、肉桂 1 克、红油辣子 15 克、芝麻酱 15 克、蒜泥 15

克、味精 2 克、葱花 25 克。

制作步骤：

（1）面粉开窝，放入盐，加入清水，反复揉制成光滑的面团，用净布盖好后静置 60 分钟。

（2）面团用面棍擀压成厚 0.4 厘米的面皮，然后改刀成长 7 厘米、宽 0.4 厘米的面条，在面条上刷上色拉油，再静置 10 分钟。

（3）净锅置火口上，放入麦芽糖，用小火熬至棕红色，掺入清水、酱油，下香料熬至浓稠，起锅即成红酱油。

（4）锅中掺水烧沸，将静置后的面条稍微拉长后入锅，煮至断生捞起装碗，依次放入红酱油、芝麻酱、蒜泥、味精、红油辣子，最后撒上葱花即成。

北泉鸡蛋番茄挂面

北泉挂面每根细度只有75丝（1丝等于0.01毫米），并且色泽雪白，故得名“银丝”，以色白细腻、鲜美可口、回锅不泥而蜚声中外。自1868年诞生以来，技艺一代传一代，盛誉经久不衰。

北泉挂面采用特等高精面粉，加上甘洌清澈的重庆市北温泉自然水以及鸡蛋清、胡椒粉、豆粉、小磨麻油和食盐等原料，经过和料、扯条、捂条、盘条、上辊、拉丝、扯扑、晒干、切整、包装等10道手工工序制成。成品挂面，中心空通，形似细管，粗细均匀，雪白细嫩，宛如银丝。用炖鸡、三鲜、番茄鸡蛋、菌汤、高级清汤等与之搭配，深受各界人士青睐。它作为宴席的压轴“节目”，常获得喝彩声一片。

特点：色彩协调，咸鲜醇正，质地细软。

制作方法

主料：北泉挂面100克。

辅料：番茄100克、鸡蛋50克、猪油40克、鲜汤200克。

调料：味精1克、盐1克、小葱15克、老姜5克。

制作步骤：

（1）鸡蛋破壳入碗，用竹筷调散成蛋浆，番茄去皮切成块。

（2）小葱切成葱花，老姜切成末。

（3）净锅置火口上，掺油烧至 160℃，放入鸡蛋浆炒至结块成熟，放入番茄炒至熟透，掺入鲜汤，下姜末、盐，然后放入挂面煮至熟透，下味精搅匀起锅，撒入葱花即成。

兼善三鲜面

抗日战争初期，我国著名爱国实业家卢作孚先生在当时陪都重庆的北碚，开办了一些以“兼善”命名的设施，如兼善中学、兼善农场、兼善公寓、兼善餐厅等。“兼善”一词源出《孟子·尽心上》：“穷则独善其身，达则兼善（济）天下。”卢作孚将这些设施命名为“兼善”，取的是“同福同享”之义。

兼善餐厅创办于1938年，坐落在北碚公园前门右侧，装修别致，环境典雅，常年聘请当地名厨掌勺，主要经营川菜、川点，以“服务至上、顾客第一”为立店之本，由于管理有方，并且在菜品上开拓创新，很快成为了当时重庆餐饮名店。抗战期间，卢作孚先生常在兼善餐厅宴请郭沫若、冯玉祥、孙科等名人政要。

兼善面就是当时该餐厅所开发的一个小吃品种，以高精面粉配以鸡蛋，经手工擀制而成，面条有筋力，久煮不浑汤，不断条，此面一经推出便很快风靡北碚，1984年被评为“重庆市名特小吃”。

特点：汤汁乳白，咸鲜适口，质地柔软。

制作方法

主料：高筋面粉500克。

辅料：水发鱿鱼50克、水发蹄筋50克、熟火腿50克、熟鸡肉50克、鲜冬笋30克、奶汤500克、番茄50克。

调料：葱花 10 克、胡椒粉 2 克、盐 4 克、味精 2 克、老姜 15 克、大葱 30 克。

制作步骤：

(1) 将面粉与鸡蛋、水和匀揉成面皮，手工擀压后切成面条。

(2) 火腿、鸡肉、冬笋分别切成厚约 0.2 厘米、长 5 厘米、宽 2 厘米的片；鱿鱼改刀成长 5 厘米、宽 2 厘米的块；蹄筋剖开后改刀成长 5 厘米的节；番茄去皮去瓤改刀成月牙形块；大葱切成节，老姜切成片。

(3) 净锅置火口上，掺入清水，下姜片、大葱节，烧沸后放入冬笋片、鸡肉片、鱿鱼、蹄筋，氽水后捞起。

(4) 净锅重置火口上，掺入奶汤烧沸，放入蹄筋、冬笋片、鸡肉片、番茄、火腿片，下盐、胡椒粉调味，然后下面条煮至过心再放入鱿鱼，下味精搅匀，撒上葱花起锅即成。

榨菜肉丝面

重庆涪陵出产的榨菜以其脆、嫩、鲜、香的传统风味与德国的甜酸甘蓝、法国的酸黄瓜共享“世界三大名咸菜”的盛誉。

榨菜始创于1898年，至今已有百余年历史，用于入馔各法皆适。其中，榨菜肉丝面以其榨菜脆爽，肉丝细嫩，鲜香可口而驰名中外。它紧随着涪陵榨菜走向全国、走向世界，被越来越多的食客品尝、喜爱。

特点：色泽黄白分明，粗细均匀，咸鲜微酸醇正，质地细嫩爽口。

制作方法

主料：猪净瘦肉100克、细碱面条150克。

辅料：榨菜50克、鲜汤150克、湿淀粉25克、混合油30克。

调料：盐3克、老姜10克、葱30克、味精2克。

制作步骤：

（1）将肉洗净后切成长6厘米、粗0.3厘米的丝，用盐1克、湿淀粉码匀入味。

（2）葱切成长4厘米的节；榨菜洗净后切成粗0.2厘米的丝；老姜切成末。

（3）锅炙后置火口上，加入油烧至 140℃，放入肉丝炒至断生后再放入榨菜丝炒至出香，然后下姜末、葱节炒匀，掺入鲜汤烧沸。

（4）煮面锅加水烧沸，放入面条煮至熟透，榨菜肉丝挑入锅内，下盐 2 克、味精，调味起锅即成。

不识小面真面目
此缘只在麻辣中

第三部分

重庆小面关联文化及趣闻

重庆小面关联文化

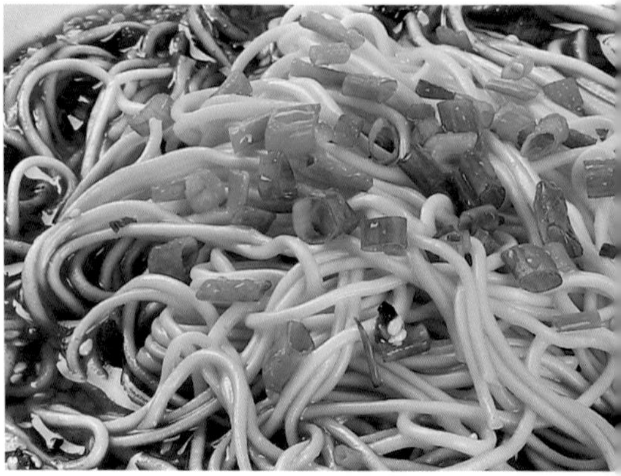

面筋与面性

将小麦加工成面粉的过程，经历了臼舂、石磨、机磨等几个重要的形式。人类在加工面粉的过程中发现，磨细的麦子包含麦麸和面粉，只有将二者分离开才能够保证面粉的质量。我们的祖先在经过不断摸索后，发现用蚕丝加工成的细绢能够分离面粉与麦麸。据考证，一种筛粉工具——“罗”——在汉代已经出现。“罗”又叫“罗筛”，是以竹子做成圆形边，再用丝绢在其底部绷紧制成。“罗”的使用是面粉加工技术的一次很大进步。

到了晋代，“罗”已经在民间被广泛使用。晋代人束皙《饼赋》中载：“尔乃重罗之面，尘飞雪白。”意指用“罗”筛了两次的面粉，显得细如尘、白如雪。在《齐民要术》中也有“绢罗之”及“细绢筛”的记载。由此可见，当时人们已经普遍使用“绢罗”筛滤面粉。现代人将用罗筛筛粉的过程称为“过罗”。发展出面粉过罗的技术之后，人们才拥有了制作面条的基础条件。

我国先民在种植小麦的几千年历史中，以野生小麦培育出良种，并推广至全国各地。现在，优质小麦的品种已然呈现“百花齐放”的局面。另外，现代的面粉加工机械和工艺，使面粉也发展出专供不同用途的不同品种，质量也更加上乘，提供了更广泛的选择余地。

二十世纪六七十年代，由于当时小麦品种较少，加工出的面粉仅根据面粉的色泽、含麸量、面筋质分为 3 个等级。

1. 特制粉：加工精度较高，色白，含麸量和灰分少，以干物质计算，灰分不超过 0.75%，面筋质不低于 26%，水分不超过 14.5%。

2. 标准粉：含麸量多于特制粉，色泽稍黄，灰分不超过 1.25%，面筋质不低于 24%，水分不超过 14%。

3. 普粉：含麸量多于标准粉，色泽较黄，灰分不超过 1.25%，面筋质不低于 22%，水分不超过 12.5%。

二十世纪八十年代后，由于小麦的品种增多，加工出的面粉在各个指标上的质量均有很大的提高，原有的分级方法已经不适用。于是，另一种分类方法产生了，即高筋粉、中筋粉、低筋粉及特制粉。现在的面粉在包装上均注明其产地、面筋等纯灰分含量、水分含量、应用范围等，极大地方便了人们的选用。

面粉中的面筋主要由麦胶蛋白和麦麸蛋白两种蛋白质组成，这两种蛋白质在小麦粒的胚乳部分含量最多，由胚乳心部磨制的高筋粉中的面筋质高于中筋粉和低筋粉。麦胶蛋白和麦麸蛋白遇水膨胀，会形成具有粘性和弹性的面筋质，面筋质含量越多，面粉出品的质量则越高。

面粉中还含有脂肪，B 族维生素和维生素 E 等。由于脂肪和维生素主要分布在小麦粒的胚和糊粉层中，因而中筋粉和低筋粉中的脂肪、B 族维生素和维生素 E 的含量反而高于高筋粉。

重庆地区食用的面条主要分为手工面条和湿切机制面条。手工面条主要包括用高筋粉与鸡蛋制作的鸡蛋面条，用中筋粉制作的姜鸭面、挞挞面、铺盖面等。湿切机制面有碱水湿切面和无碱湿切面两种，基本选用低筋粉和中筋粉加工制作。

重庆人吃面的习惯比较特别：既要有嚼头，又要有柔软度，既要有点筋力，又不能发硬。如果面条太韧，就粘不住佐料，尤其是重庆小面中最重要的红油辣子，造成成品口感不够香浓。所以，外地经营重庆小面的商家，即使采用同样的小面佐料，成品口感也不好。这其中的问题就出在面条所使用的面粉上。高筋面粉加工的面条固然好，但将它用于重庆小面，就显得有点“水土不服”，就如同用低筋粉加工刀削面、拉面也会“水土不服”一样。

面粉虽然有高筋粉、中筋粉、低筋粉的区别，但其使用的小麦在产地、品种、品质等方面有差异，制成的面粉口感就会有很大差异。重庆的切面作坊、小面商家历来很重视面粉的选择，其目的就是使加工出来的面条能尽量符合小面制作的需要和重庆食客的饮食习惯。

湿切面条的面性

加工湿切面条时，面粉中的蛋白质、水，以及揉捏的力度是形成面筋的三要素。

小麦面粉中的蛋白质可以分为非面筋性蛋白质与面筋性蛋白质两大类。面筋性蛋白质又包括麦谷蛋白（麦麸蛋白）和麦胶蛋白，这两种蛋白质虽不溶于水，却能遇水后膨胀形成面筋。麦谷蛋白是形成面筋弹性的主要成分。当麦谷蛋白在面粉中的比例增加时，形成的面筋其弹性也会增加。面粉中的麦胶蛋白则可以缓和面筋的粘、弹性。小麦因其品种及生长条件不同，其面筋性蛋白质的含量也不同，所以不同面粉能形成的面筋多少，以及所形成的面筋性质也有较大的差异。

面粉中面筋性蛋白质的存在是形成面筋结构的物质基础，和面时加入的水则是面筋结构形成的必要条件。面筋性蛋白质充分吸水膨胀需要一定的水量和时间，蛋白质水合后，分子间发生缔合的过程，就是面筋结构开始形成的过程。

面粉中加入水后，通过揉捏（和面）可以加快蛋白质的吸水速度，使面筋网络充分形成，增加面团的粘、弹性。通过揉捏还可以使蛋白质分子之间的次级键和强键数量增多，促使面筋的结构不断增强。另外，揉捏面团时还会增加麦粒蛋白的线形大分子的缠结程度，这也会增加面筋的弹力。

重庆地区的机制切面条，都是采用专门的和面机反复揉捏面粉后再进行切制。这种切面条所使用的面团，其面性属于子面。子面又包括硬子面和软子面。

一、硬子面

500 克面粉中加入 200 克水（或菜汁、鸡蛋液、果汁等）和匀而成的面团叫硬子面。硬子面具有面性较硬，面筋有一定可塑性和弹性的特点。

•硬子面包括•

清水面：面粉中直接加入清水和成的面团，主要适用于棋子面块、炉桥面等的加工。

碱水子面：清水加入所需的食用碱后放入面粉中揉和而成的面团，适用于各种面条、抄手皮的加工。

盐水子面：清水中加入所需的食用盐后放入面粉中揉和而成的面团，主要适用于挂面的加工。

全蛋子面：取整只鸡蛋的蛋黄、蛋清调散后加入水再放入面粉中揉和而成的面团，主要适用于手工鸡蛋面、指耳面及机制全蛋面条的加工。

蛋清子面：只取鸡蛋清，调散后加入水，再放入面粉中揉和而成的面团，主要适用于手工鸡蛋面、机制蛋清面条的加工。

蛋黄子面： 只取鸡蛋黄，调散后加入水，再放入面粉中揉和而成的面团，主要适用于指耳面的加工。

菜汁子面： 取含叶绿素的蔬菜，压汁后取汁水放入面粉中揉和而成的面团，主要适用于机制菜汁面条、手工菜汁面的加工。

蔬果子面： 取南瓜、胡萝卜等绞蓉后放入面粉中揉和而成的面团，主要适用于机制蔬果面条、手工指耳面的加工。

淀粉子面： 取紫薯、红苕、玉米、荞麦、糯米等含淀粉的原料分别经事先加工至熟，擂蓉或磨浆后放入面粉中揉和而成的面团，主要适用于机制面条的加工。

二、软子面

500 克面粉加入 250 克清水揉和而成的面团叫软子面。软子面具有质地柔软，微有弹性和筋力，易于擀压的特点。

•软子面包括•

清水软子面： 面粉中直接加入清水揉和而成的面团，主要适用于饺子皮的加工。

盐水软子面： 清水中加入所需的食用盐，与面粉揉和而成的面团，主要适用于挞挞面条、铺盖面的加工。

目前，重庆湿切面条主要有切面加工作坊和小面商家自行加工制作两个渠道，大多选用硬子面进行制作。为了使制成的面条达到要求，在和面时还应注意以下几个方面：

1. 应选择加工日期比较新近，且符合重庆小面筋力指数标准的面粉。

2. 和面时，应根据面粉特点、自含水分及吸水程度控制好水与面粉的比例，使和好的面团符合软硬要求。

3. 通过增加和面、揉面的力度和次数，增加面条的韧性。

4. 在和面时酌量加入鸡蛋，使面条筋力得到增强。

5. 掌握好和面后放置（醒面）的时间，避免因放置时间过长使面性变软。

和面的技巧

1. 面粉与水（或鸡蛋液、菜汁、果汁等）和匀后，此时的面团未揉至纯滑，呈不规则状。此时应观察，用双手将其捏紧后能否成形。如不能成形则水分偏少；如成形后面团迅速软塌，则为水分偏多。

2. 面团完全和好后，应仔细观察：一看面团表面是否光滑；二看面团是否有硬度和微弹性；三看面团擀压后是否均匀不“穿花”；四看折叠擀好的面片是否能够不断。

由于面粉中自身含有的水分以及面粉的吸水量在一年四季均有微妙的差异，所以重庆地区的切面作坊中，和面工作都由有着多年经验的师傅担任。

老重庆城的几种小面店经营形式

重庆小面店自二十世纪三四十年代开始，出现了几种主要的经营形式，这几种形式在当年风行一时，与老重庆人结下了难以忘怀的一“面”之缘。

一、摆在街角巷口的摊摊面

早晨天还没亮，小贩们用板板车拉着或用挑子担着炉灶、鼎锅、柴火、二炭（没燃尽的炭）、盛满水的木桶、装满菜的筲箕、桌子、板凳、碗筷以及佐料钵及面条等，到达目的地后很快卸车、卸担、摆摊，然后将火发燃，放上鼎锅，掺入水，水一涨便开张营业。摊摊面起初是只出早摊，后来应需又有人改成了全天出摊。再后来，有些摊主盘下了门面，改出摊为坐店经营，但“摊摊面”的叫法却一直沿袭下来。抗战期间，重庆上半城青年路口，有家摊摊面还在报纸上登广告：“好吃君子试试看，金钩抄手菠菜面，棒棒鸡才叫味道鲜。跳舞厅在对面，音乐悦耳好佐餐，你说安然不安然。”摊摊面是典型的平民就餐形式，受众面广，十分接地气。“生活从早上的一碗面开始。”许多重庆人的早餐就是一碗小面，正因为摊摊面摆在街头巷尾，坐下就吃，吃了就走，方便快捷，适合早上赶时间的人。

二、出售开水的老虎灶面

在老重庆城的巷口、街头，开有不少既可落座喝茶又兼对外出售开水的茶馆，后来开水的生意做大了，又衍生出专事外卖开水的店铺。大街上出售开水是重庆人性格洒脱的又一体现，那时，家庭中烧水的燃料均是煤炭或柴火，要烧点开水很麻烦，到开水店花 1~2 分钱就能打满一个五磅或八磅热水瓶的开水，既方便又省事。最初，重庆城开水店的灶台造型很特别，灶台上两口大瓮锅，几个鼎罐似虎头状，整个长方形的灶台似虎身状，灶台烟囱直立似虎尾状，遂得名“老虎灶”。随后，老虎灶又改为锅炉，虽然其形已变，但称呼未改。由于老虎灶打开水特别方便，而煮面又必须得不停地添加新鲜开水，故有的面贩选择在离老虎灶不远处摆摊卖面。所以，老重庆城内有不少摊摊面与老虎灶相依相伴，甚至有的老虎灶老板还做起了小面营生。现在，老虎灶已经销声匿迹，但老虎灶与小面的这段“姻缘”是老重庆人心中永远珍藏的记忆。

三、挑着担子沿街叫卖的担担面

据说，清朝道光年间有一个叫陈包包的自贡人，为维持生计始创了这种肩挑担子走街串巷的经营形式。后来，这种做法传到了重庆。重庆城坡多坎多，特别适合这种不占地并且方便快捷的形式。于是，“担担”在小贩们的肩上流传开来，挑起一家人的生计和盼头。

担担小贩们把经营所需的所有物品都按序装进特制的方形挑担里。担子的一边装着火炉、鼎锅、煤炭、水桶、小风箱等行头，担子的另一边装着面条（抄手）、碗筷、佐料钵和其他杂什。扁担一上肩，说走就走，说停就停，只要听到有人喊“煮碗面”，小贩会马上答应“要得”，并立即就近寻找一个相对平整的坝儿，落地卸担，然后以十分娴熟的动作，燃火、烧水、下面、打佐料，嘴里还得应酬左右，说些俏皮话，什么“山珍海味过干瘾，还是担担面实在”“单碗酒喝起舒服，担担面吃起来爽快”“小磨麻酱喷喷香，叙府芽菜带回甜，每样佐料不能少，保证明天还想来”，等等。

随着时间的推移，摊摊面和面馆逐渐增多，担担面的生存空间越来越小，于是挑担小贩们也纷纷加入“安营扎寨”的队伍之中。其中最有名的当数正东担担面。1936 年，重庆人董德民、陈淑云夫妇开始走街串巷经营担担面，一直到 1950 年，他们才在邹容路和保安路（现八一路）十字路口的保安路一侧第三个门面正式坐店经营。当时，为了显示面馆的经营特色，他们专门在店门前放置了一副最传统的担担面的挑子。正东担担面的味道有酸辣、香辣、麻辣、咸鲜等十余种，后来经过食客们的选择，最终以重庆人最喜爱的香辣口味定下基调，作为担担面的正宗味道流传 后来，由于八一路的片区改造，正东担担面也退出了历史舞台 营形式不复存在，但担担面在麻辣味厚的基础上所呈现 芽香及干溜巴味的食用方法却一直沿袭了下来。现在， 石灰市街和解放碑五四路恢复了两家冠以“正东担担面” 号的面店，并以此为基础申报了重庆市“非遗”传承企业和“非遗”传人。

担担面的三个特点与挑担叫卖有着直接的关系。第一个特点是“干溜”，因为担子的上下起伏会使木桶中的水产生晃动，容易溢出，所以担子中木桶装的水不宜太满。小贩节约用水，面汤也跟着变少，面条就变成了“干溜”，保证挑子里的水够用。第二个特点是免青（不放蔬菜），蔬菜洗好后容易变质，不适宜放在挑子里，如果用清水现洗也不切实际，为此，只好忍痛割爱，不放青菜。第三个特点是离不开芝麻酱和宜宾芽菜末，干溜的面条，放入芝麻酱和芽菜末，佐料更容易裹在面条上，使味道更显香浓。为了增加芽菜末的香味，很多担担面小贩还在每天炼制猪油的时候，用炼油后留在锅中的油（又叫“油脚子”）将芽菜末煵炒出香味后使用。

担担面经过了一百多年的岁月磨砺，已经成为重庆市的著名风味小吃，多次荣获“中华名小吃”殊荣。2013年初，重庆市餐饮行业协会副会长单位——重庆包粥正餐饮文化有限公司组团赴武汉参加首届“中国面食文化节”。该公司带到现场供应和参赛的面条是享誉成、渝两地的担担面。经国家级的有关专家和评委评审，担担面以“四川担担面”的名字获得“中国十大面条”殊荣。虽然担担面这个金字招牌被四川“截了胡”，但耿直的重庆人认为，川渝不分家，同喝一江水，同吃一碗面，同样觉得很自豪。

吃小面，打“响片”

“打响片”，就是食客进面馆吃面时，和老板打的特殊招呼，是一种默契的体现，也是必不可少的重要环节。如果客人的“响片”打得不明确，老板就得花更多时间去理解客人的需求，理解得不对，就影响客人的用餐体验。

由于重庆小面所具有的面条形状、味道、臊子种类、质地等不同特点，食客们会根据这些特点提出自己的需求，而这些不同的需求在很大程度上是通过“打响片”来实现的。

•“响片”的主要内容•

1. **面的宽度：**宽面、韭菜叶（指面的宽度如韭菜叶的宽度）、细面等。

2. **面的麻辣：**清汤、红汤，少辣椒或重辣椒，少麻或重麻。

3. **面的口味：**吃什么臊子；多放、少放，或者不要青（蔬菜）；加不加蛋。

4. **面的调料：**如少放味精、不要鸡精，少油或不要油，等等。

5. **面的辅料：**少葱花、不要芫荽，或不要大蒜，等等。

6. **面的软硬：**面煮硬点或面煮软点。

7. **面汤多少：**干溜或多掺汤。

在重庆地区吃小面，“打响片”是一道特别的风景，有的如急风骤雨，有的如和风细雨；有的声如洪钟，有的声如银铃；有的是人还在店门外，“响片”声就到了，有的是落座后才开始“打响片”……

进店吃面时有的“响片”由食客们主动打，一般为指令式，面馆老板定会照办不误。有时候，老板在煮面前也要打询问式的“响片”，对食客没有提到的内容进行补充，做到主随客需、心领神会，决不含糊。不管客人来自何方，不论男女老少，只要一个“响片”，一切以食客的意愿为准，让他们乘兴而来，满意而归。

一些生意比较好的面馆会同时进来十余个食客。客人入座以后，七嘴八舌开始“打响片”，点自己要的面。了得的是，不一会儿，食客们点的面陆续上桌，毫无差错。在这段时间里，面馆的客人还在不停地来来往往，“响片”也此起彼伏。面馆的这种应对能力令人称奇。

现在，有些面馆开始推广网上点单，客人用手机就可以点餐，没有必要再“打响片”。但一些“老面客”仍然坚持进门吆喝这一嗓子，享受的就是这种格调，品的就是这种“味”。

火心要实　面水要宽

“火心要实，面水要宽。”这是老一辈煮面大师傅的经验总结。火心要实，即煮面时火力一定要旺，千万不能疲火，疲火煮面既稠糊还容易夹生。火心，指的就是火力。在人们普遍用炭作为燃料的年代，煮面用的几乎都是二炭（又叫炭花）。二炭是焦炭（又叫南炭）未完全燃烧后剩下的碎块，由于二炭燃烧时火力较旺、无烟，而且熬灶（燃烧时间长），被不少小面摊主使用。

二炭在燃烧过程中会产生炭灰，炭灰一多，就会阻碍风道畅通，产生疲火。因此，当时的煮面人都特别配置了铁钩，将多余的炭灰通过炉桥缝中疏通出去，并及时加炭，使火力始终保持旺盛。

后来，不少小面摊主逐步结束了摆摊的营生，拥有了自己的店面，开始采用固定且有烟囱的炉灶煮面，燃料也由二炭换成了烟煤或无烟煤。烟煤、无烟煤在燃烧时会产生炭夹子及炭灰，也需用铁钎朝下戳入煤炭中左右摇动，将多余的炭灰通出去，其目的都是为了保持风道畅通，使火力旺盛。

到了二十世纪八十年代后期，在城市中，柴油灶和天然气灶（包括液化气）完全取代了煤炭灶。油、气的使用让火力调节更方便，煮面师傅从此不再为“火心要实”伤脑筋了。现在，小面商家普遍使用的是电力煮面器，由于电炉烧水快，“火心要实”已经变得轻而易举。

面水要宽，即煮面时锅中要多掺水。为了防止面条相互粘连，市面上售卖的面条常沾有大量干粉，煮面时这些干粉容易使面水浑稠；另外，面条加工要用到碱，在煮制过程中，面条中的少量碱溶入面水中，也会增加面水的稠度。面水过稠，容易翻沫扑锅，煮出来的面表层起糊，口感不佳。在煮面还在烧二炭的年代，小面摊主都会在锅的边上另置一个盛装清水的器皿，面水一开始翻泡便立即掺入适量清水，并不停地舀出浮沫及部分面水，其目的就是为了尽量使面水的量足够且澄清不浑浊，这一做法一直沿用至今。

头锅水饺二锅面

二十世纪七十年代，著名文学家陆文夫在中篇小说《美食家》中根据日常生活的习惯，总结出了“头锅水饺二锅面”的观点。这句话用在重庆小面中是最合乎情理的。二十世纪四十年代以前，重庆地区没有自来水，生活用水包括煮面的水，都是通过下脚力夫爬坡上坎从长江或嘉陵江边挑上来的。每年夏天，两江发洪水，水比较浑浊，为了将浑浊水变得清亮，往往要在水中加入少量白矾“镇水”。而“镇”过的水会带有白矾的涩味。虽然后来重庆人用上了自来水，但水中也有金属水管及水厂消毒剂的异味。由于面条体积细而软，吸味能力较强，如果用头锅沸水来煮就会使异味依附于面条之上，影响面条口味。而水饺的体积比面条大很多，并且包有调好味的馅，用头锅沸水煮影响不大，且饺子馅常加有香辛料，在水中煮过一遍还能压抑水的异味。另一方面，由于面条含碱，还带有干粉，煮面水通常黏稠浑浊带碱味，反而会使饺子馅的香气和面皮表面色泽受到影响，所以民间有“浑水不煮饺”的说法。

实际上，在重庆地区，小面店一般不卖水饺，水饺店也不卖小面，两者各开各，也自然不会用同一锅水煮水饺和面条。但重庆小面师傅们还是受到了这句话的启示，在每天开始烧面水时，会有意地切几片老姜，切几段大葱放入面水内，让它们在沸水中打几个滚后捞起，以消除面水中的异味。每一道美食，正是通过这些不起眼的细节而呈现于人们餐桌上的。

一碗面等于几两

人还没有落座，“老板，来碗面”的声音已经响起。小面师傅会马上接话：“要啥子面?”这反问中包含了两层意思：一是要什么形状的面（宽还是窄）；二是要什么口味的面（清汤还是红汤，用什么臊子）。但他们绝不会问面的重量。

在重庆地区，人们有一个约定俗成的习惯，凡是提到“一碗面”，指的都是二两（100 克）。“一碗面”为什么不是指一两或三两呢？这与人身体的需要有着密切的联系。二两面煮熟入碗之后，其重量约 280 ~ 300 克，刚好能够让食客吃饱。时间一长，一种心照不宣的默契就产生了——一碗面，原则上就是二两。

说来也怪，这种习惯与重庆不少乡坝、场镇酒馆供应老白干酒一样，一个单碗，指的也是二两。不打招呼，只说“一碗酒”，店家也绝不会端上一两或三两酒。

至今，重庆的小面经营者仍然很少供应一两一碗的面，三两一碗的面倒是都有供应，但如果食客不事先声张（“打响片”），那么端上来的面必定是一碗二两的。

在使用粮票的时期，使用一斤粮票实际能买到一斤三两面条，其中的三两指的是和面时加入的水分，也就是说，那时的二两面，下入锅中的面条实际重量应该有二两六钱（130 克）重。现在，粮票已经退出历史舞台，如今的一斤面条就是实打实的500克。

虽然“一碗面”指的是二两，但各个面摊、面馆实际端上来的分量有一定差别。也有一些经营者目光短浅，为了追求利润而短斤少两。这是一种得不偿失的做法，实际上损失的是商家的信誉，时间一久，食客们自然会“靠脚投票”，短斤少两的面馆也自然会难以为继。重庆地区生意好的小面馆都有一个共同的特点——拥有质优量足的良好口碑。

不同的店名共同的根

重庆早期的摊摊面因为属于流动性经营，故基本上没有店名，而是由食客们以店主人的姓氏或店主人在家中的排行来称呼，如二娃、赵五、李嫂、三妹、九妹、周三、杨八、二胡、王姐等，也有以摊摊面主人的特征进行称呼，如胖娃、黑娃、跰哥（指跛子）、老太婆、眼镜、莽娃（莽，重庆话读一声，指憨厚而粗壮）等，还有些以面摊所在的地理位置进行称呼，如洞子、转角、巷子口、十八梯、坎下、黄葛树等。这些面摊即使后来升级为面馆，开始坐店经营，也大部分没有更改这些约定俗成的称呼，甚至还有不少经营者正式注册了商标。这些名字代表着食客对店里面条味道的认可，也代表着积攒多年的口碑。

正因为这样的风气，就连新开张的小面馆也多以这些富有市井文化气息的称呼命名，如程氏、左婆婆、吴妈、熊阿姨、老邱、朱小弟、陈嫂，以及机场、彩电、金科、花市、竹林、春森，等等。

重庆小面馆的取名还有一个现象，就是不少小面馆会在店名的后面加上“面庄”二字，如胖妹面庄、李记面庄、程氏面庄、九妹面庄等，“庄”在北方地区用得较多，而在重庆地区用得较少。为什么重庆地区除了“面庄”之外，其他的酒楼、饭店、餐厅却不常在店名中采用“庄”呢？这是因为重庆小面原来“清一色”是摊摊面，用不着取名。后来有的摊摊面生意做好了，盘下了店面，既然要开店，就得有一个店名。不少面馆老板就请经常光顾生意的熟客为其取店名。抗战时期，由北方地区来到重庆的人较多，一些叫作某某“面庄”的小面馆便诞生了。由于“面庄”与餐厅、酒楼、饭店有所区别，叫起来也顺口，迅速被大家接受，随着时间的推移，“面庄”越来越多，这也是重庆小面在特定历史文化背景下发展壮大的体现。

有机构曾经作过统计，在重庆地区有近 10 万家小面馆，这是一个十分庞大的数目，近 10 万家小面商家就会有近 10 万个店名。随着重庆餐饮文化的整体发展，不少面馆经营者在取名上别出心裁，如天天见面、见面如故、面对面、面面聚到、一面滋吃、常见面、渝面客、扑面而来、面作主、面精神、食面八方、当燃面等，有些面馆还以重庆人特有的幽默风格取名，如板凳面、开半天、斗碗面、猫儿面、小是小、一来香、小娇娘、乐汉面、大海碗、包包白、擂神、瓜瓢面、疯狂掌门人、微小面、歪小面、愚小面等。这些仿佛俏皮话一样的名字体现了重庆人的豁达和乐观。不管是什么样的名字，它们都有共同的根——源于民间、惠及大众、抱朴怀素、以味制胜。

佐料不够自己加

“高醋矮酱油，辣椒在钵钵头”，这是老重庆人都懂的言子。在重庆小面店的餐桌上都摆放着装醋、装酱油和装红油辣子的三件容器。一般装醋的容器比装酱油的容器要高出一截，红油辣子则一般装在碗里。

“高醋矮酱油”的这种区别体现了小面经营者在细微之处上的良苦用心。首先，通过顺口溜告诉食客，容器内分别装的是什么东西，避免加调料时弄错了。其次，重庆小面在上桌时碗里就已经放有酱油，但一定是不放醋的。如果食客觉得味道不够，可以自己加调料。由于碗里已经有酱油，即使需要增加咸味，加入的酱油量也比较少；而面佐料里没有醋，喜欢醋的食客在加醋时一般会加得比较多。高瓶装醋，矮瓶装酱油，能够满足食客的需要，也使小面经营者往瓶子里补充醋和酱油的频率变低，更加省事。

“高醋矮酱油”的“规矩”拉近了食客与经营者的距离，是重庆小面发展至今近百年来心照不宣的约定，也是一种不用言语的默契。

碱水子面功不可没

先人在日常生活中发现，稻谷秆、蚕豆秆、茶籽、桐籽、糠壳等烧成草木灰后，经过提炼会得到凝固结块的草碱。这种碱呈灰白色结晶状，为了便于运输、保管及增加卖相，制碱商人会在碱液尚未凝固时将其灌入长条形或圆形的模具中，待碱完全凝固后翻扣出来。当时，市面上最常见的是直径 2~3 厘米、高 1.5~2 厘米的圆饼状碱块，称为“铜钱碱”。

在制作湿面条时加入草碱可以避免其因重庆地区的炎热、潮湿气候而发酸、变软、变质，延长面条存放时间。随着技术的进步，人们又改用食用碱（碳酸钠）替代草碱，作用相同，使用更方便。

碱面除了存放时间长，不易发酸变质的优点以外，还具有较好的延伸力、弹力，以及滑爽的口感。此外面条中的弱碱成分还能调节人体酸碱平衡，帮助消化，去油解腻。“吃碱面不烧心”就是这个道理。

与外地面条不同，重庆小面馆使用的湿切面条都是碱面。同样的佐料，同样的制作步骤，只要不用碱面，就不是重庆小面，味道走样，失去了特色。这是因为碱易溶于水，碱面中的一部分碱会溶于面汤中，通过食用时的咀嚼，与佐料的味道产生互动，同时与面条中的麦谷蛋白和麦胶蛋白产生反应，混合出特殊的香气，使人齿颊留香。此外，碱还会使面条变成浅黄色，这种颜色与酱油、红油等同属暖色调，在视觉感官上催人食欲。

重庆人吃小面还有一个“带青”（加时令鲜蔬）的习惯。食客们发现，用含碱的面水煮的蔬菜，色泽特别青翠，口感也清爽。绿色蔬菜中的叶绿素是一种不太稳定的色素，采摘后在自然条件下容易产生呈黄褐色的脱镁叶绿素，但这种叶绿素遇上弱碱会分解为叶绿醇和叶绿酸等，可以比较稳定地保持绿色。面水中的弱碱还能缩短蔬菜受热成熟的时间，从而保证其清香爽口。

重庆地区在加工湿切面条时，碱的投入量视季节而定。夏季500克面粉中加入15～16克食用碱，秋春季500克面粉中加入13～14克食用碱，冬季500克面粉中加入12～13克食用碱。这种规律是前人摸索和总结出来的智慧结晶。

手工面与机制湿切面

“细如银丝可穿针，天工仙杖显技臻，一面诚奉千缕韵，春风化雨入碗珍。”这是二十世纪四十年代末，一位食客在重庆九园餐厅品尝了鞠化清老师做的一道手工鸡蛋面后的赞誉诗句。

二十世纪四十年代以前，重庆的面条加工都是通过手工和面、揉面、擀面、切面（或捏扯）来完成的。二十世纪四十年代初，随着重庆设陪都而迁至重庆开业或在重庆新开张的高档酒楼、餐厅逐年增多，如留春幄、白玫瑰、皇后、颐之时、九园、凯歌归、小洞天等。为满足南来北往的食客之需，这些酒楼、餐厅在筵席主食中增加了手工面，外地客人在用餐过程中经常会为重庆手工面的精湛技艺叫绝。

手工面的加工依靠的是力量与技巧的高度结合。一个合格的手工面师傅没有经过3～5年的苦练是“过不了关”的。抗战期间重庆各大酒楼、餐厅中，随着手工面受欢迎的程度越来越高，也涌现了不少精于此业的高手，如九园餐厅的鞠华清、皇后餐厅的李昌海、嘉陵餐厅的万华廷、上清寺餐厅的文志林等。其中之佼佼者当数能将手工面切得细如银丝的鞠华清老师。

当时，除了手工面之外，在重庆有些地方还借鉴拉面技术，与本地的实际情况相结合，推出了其他形式的手工面。如铺盖面、挞挞面、指耳面等。现在重庆市面上手工切面少了，而手工拉扯的铺盖面仍然人气很高。在铺盖面的发源地荣昌还专门举办了铺盖面的专项技能大赛，通过大赛达到扩大和助推铺盖面影响力的目的。

手工面形状的区别是为了满足食客需要而刻意演变而成的。一个以极端的“细”去演绎高超的功夫，一个以随意的“宽”去展露传统的技法，这一细一宽包含着重庆人对面条的感悟和尊重。

新中国成立后，由于机械化湿切面的兴起，学习和掌握手工面技艺的厨师明显减少，但手工面在筵席上仍然有一定的市场。一些经营私房菜、传承菜的会所、餐厅便有意识地推出用传统技法擀切的手工面。

在这种形势下，新一代手工面高手诞生了，如“二杆子”（老一辈厨师的学生，他们大部分是二十世纪六十年代初参加工作的第二代厨师）中的渝中区饮食服务公司实验餐厅的代金柱，小滨楼餐厅的郭辉荃等；以及“三杆子”（第二代厨师的学生，他们大部分是二十世纪七十年代以后参加工作的第三代厨师）中九园餐厅的鞠世洪、味苑餐厅的姜伟、读看知味餐饮文化有限公司的沈明辉等。

机械湿切面是重庆面条由繁至简的一次革命，对重庆小面的普及和推广功不可没，但手工擀切面是重庆小面的根。重庆手工面现已是“非物质文化遗产”，在一代又一代的薪火相传中得以传承。

婀娜多姿的水叶子面

重庆小面的面条有水叶子面、湿切面、鲜切面等叫法。湿切面、鲜切面的称呼很直白，好理解，而水叶子面就不太容易理解了。为此，笔者采访了很多业内人士及老重庆人，答案可谓是五花八门。经梳理之后，我们认为有三种答案还比较合乎情理。

一是以擀制手工面的形状而得名。在机制面条产生之前，面馆、酒楼供应的面条均为手工擀制而成。在擀制手工面时，擀面师傅会将揉和好的面团用特制擀面杖擀成薄而大张的面皮，然后将擀薄的面皮折叠成若干层，最后用刀切成条（丝）。因折叠好的面皮犹如一本书，每一层面皮就是这本“书”的一页，所以当时的擀面师傅就叫这种面为“页子”面，因“页”与“叶”谐音，时间一长“页子面”就被叫成了“叶子面”，加之叶子面系用水揉（和）而成，连在一起，就成了“水叶子面”。

二是湿切面与干面（挂面）的区别。面条脱水为干，保水为湿，干面叫起来比较顺口，而湿面叫起来有点拗口。由于湿切面在加工时是离不开水的，故人们一般称其为水面。制面过程中，压制后的面皮薄而大张，与树叶相似，被称为“面叶子”。这些“面叶子”被切成各种宽窄的面条，人们用水将其煮熟后食用，称为“水叶子面”。同理，当时的抄手面皮也不叫抄手皮，而叫抄手叶，现在有的地方仍然保留着这种叫法。

三是沿袭于北方刀削面。二十世纪三十年代末，刀削面随着山西人的迁徙来到重庆。刀削面馆在开张之初，重庆市民对其特有的削面技法感到稀奇，经常会在门外驻足围观。有人曾经以一首小诗对削面场景进行了形容：“一叶落锅一叶飘，一叶离面又出刀。银鱼落水翻白浪，柳叶乘风下树梢。”把刀削面比喻为柳叶真的是又形象又恰当。后来，重庆小面面条形状有了改进，增加了似柳叶的宽面、似韭菜叶的扁条面等。在刀削面的启发之下，重庆人将宽面称为“水叶子面”。

自从机制加工的湿切面问市以来，其工艺流程基本上没有改动，只是机制的效率有所提升，压制的面条质量更佳。目前，重庆市面上出售的湿切面仍然大致分为宽面、韭菜叶、细面三种，宽面分为宽0.8厘米和宽1厘米两种，韭菜叶分为宽0.4厘米和0.5厘米两种，细面分为粗0.3厘米、0.2厘米和0.15厘米三种。小面馆会根据大部分食客的需要而选择购进不同形状的湿面条。虽同一种湿切面条有几种尺寸，但在一般情况下，小面馆只会采购每种类型的面条其中一种尺寸进行供应。

重庆小面术语

重庆小面在形成发展的过程之中产生出了一些“术语”。食客进门“打响片”时，使用这些术语，简单几个字，就能使面馆老板心领神会。

提黄：原意指煮面时只要观察到面中的碱经受热后色泽刚发黄即起锅，现在指将面条煮硬一点。

干溜：指面条煮好起锅时将水沥干再放入打好佐料但未加入鲜汤的面碗中，由于没有面水和鲜汤，可以使佐料及油脂能附着于面条上，口味浓郁滑爽。干即无汤汁，溜即滑爽之意。

宽汤：指面佐料打好后掺入的鲜汤比通常情况下要多。宽即多之意。

白提：指将面挑入不打任何佐料的碗中，吃时再另外加入调好味的鸡汤或其他汤汁、菜汁。白即无佐料之意。

带青：指在面碗中放入时令蔬菜。小面加蔬菜一定是绿叶菜，青即青菜。

免青：指在面碗中不放入时令蔬菜。

吃青不见青：指蔬菜煮断生后先挑起来放于碗底，然后再将面挑在蔬菜之上。

吃青要见青：指先将煮熟的面挑入碗中，然后再将煮断生的蔬菜挑起放于面条之上。

红汤：指小面的调料中放入红油辣子、花椒。红即麻辣之意。

清汤：指小面的调料中不放入红油辣子、花椒。清即无麻辣之意。

重辣：指小面的调料中放入的红油辣子较多，辣味浓厚。

微辣：指小面的调料中放入的红油辣子较少，辣味较弱。

自重庆小面诞生之日起，这些术语就在不断变化，体现着各个时代烙下的印记。现在有一部分术语已经用得很少了，如白提、提黄、吃青不见青、吃青要见青等，而也有一部分术语仍然活跃在日常生活中，如干溜、宽汤、红汤、清汤等。

雅俗共赏　各有所爱

重庆小面经过了一百多年的发展，现在，摆摊设点的几乎看不到了，挑担担沿街叫卖的更是销声匿迹，现在的小面馆，都是坐店经营。但这些小面馆，大都没有什么华丽装潢，哪怕是梯坎边、堡坎下，只要有个遮风挡雨的地方，只要路上行人多，一家像模像样的小面馆就能开起来。小面经营者们大多会选择面积不大、边上有点空坝坝的门面承租，既遵守了城市管理的规定，有一个室内的煮面、打佐料、摆放桌椅的场地，在生意好的时候，旁边的空坝坝也能利用起来。

这种小面馆，七八个人就坐满，后来的食客只能坐到街边的临时桌椅上吃面。有的面馆甚至只摆一排板凳，有的干脆啥都不摆，食客自己站着吃。说来也怪，重庆人就偏偏喜欢这种馆子。有些食客说："吃碗面几分钟，无所谓。"还有食客说："只要味道巴适，站起吃都要得。"

于是，在重庆街头能经常见到这样的怪事：一个简陋面摊门口，停一辆甚至好几辆豪车，车主人在坝坝里垫着一个塑料板凳大快朵颐，吃完一抹嘴，坐上车扬长而去。面馆内外，衣着光鲜的俊男美女、背着书包的学生娃、挟着公文包的上班族、穿着练功服的银发老者……他们有站着的、坐着的、蹲着的，板凳当桌子的，地坝当店堂的，大家端着面，低着头，嘴里“唏里呼噜”一阵响，三下五除二解决一碗小面，连呼“安逸”，将重庆人的豪爽性格体现得淋漓尽致。2013 年 11 月 21 日中央电视台纪录片频道播出的《嘿！小面》中，就专门录制了重庆人在街边吃面的场景，并称这是重庆人最真实的市井饮食文化缩影。

随着重庆“小面热”的升温，有的小面经营者在城市的中心区域，如大型商圈、写字楼群区、中高档住宅区、机场候机厅以及高速路服务区等地，租下面积稍大的门面经营小面。他们通过装修上的较大投入，凸显重庆民风民俗，店堂内座位舒适、通道宽畅、窗明地净、餐具精美，使重庆小面馆的形象产生巨大的转变。在味道上，他们也不含糊，特意在小面红油的炼制、各种面臊子的烹调、汤的熬制以及佐料的准备投入等方面请专家进行了培训和指导，通过反复的技术操练，使产品的口味和卖相得到相当程度的改进，“好马配好鞍”，开业后很快好评如潮。有食客点赞道：“这种有格调的小面馆使重庆小面的整体形象上了一个台阶。”有美食家这样评论：“任何事物都具有多样性，重庆小面也不例外，大众化的普通街边小面馆固然应有，但上档次、有格调的小面馆同样可期，正是这些多元化经营模式的展现，才真正配得上‘中国小面之都’这个称号。”

有一行到重庆旅游的客人来到渝中区八一路好吃街，想找一家小面馆品尝一下地道的重庆小面。他们在渝都大厦裙楼旁看见了“愚小面”的招牌，到了门口，顿觉眼前一亮，古色古香的装修，宽敞的店堂，明亮的灯光，让他们倍感新奇。愚小面就是重庆地区实施小面馆精装修、重格调、讲品质、树品牌的代表企业之一。外地客人大饱口福之后感慨道：“想不到一个经营重庆小面的面馆能够这么气派，真是开了眼界。”

2017 年 11 月，国内两名烹饪专家由中国饭店协会委派，到重庆参加巫山申报“中国烤鱼美食之乡”的评审工作。他们到达重庆后，下榻位于江北区红旗河沟的假日酒店。负责接待的重庆市餐饮行业协

会工作人员问他们晚上想吃什么，二人异口同声回答“小面”。碰巧，假日酒店街对面的龙湖新壹街内有家重庆市餐饮行业协会会员单位的面馆——歪小面。进入店内，二位专家很快被店内的装修风格所吸引，并对那些展现重庆小面文化的陈设、摆件十分感兴趣。有位专家边欣赏边评价：“来到这家面馆，先不要说吃，就是看都觉得有味。”另一位专家也道：“一个只经营面条的餐馆能装修成这样，实属意外，看来，我以前对重庆小面的印象应改变了。”随后，面馆老板为他们推荐了店里供应的红烧牛肉面。餐罢，他俩盛赞红烧牛肉面的美味。

实际上，不光是外地人，重庆当地食客对这些传统与现代相结合、怀旧与新潮相结合、文化与经营相结合的时尚小面馆还是很欣赏的。重庆作为一个现代化大都市，反映在吃上，就应该展示出既“接地气”又“高定位”的特色，在这方面，重庆小面尚在积极尝试，努力践行。

方兴未艾的小面臊子和佐料的工业化生产

“小面加盟靠品牌，品牌加盟靠佐料。”这是重庆小面业内的行话。自中央电视台《嘿！小面》和《舌尖上的中国》第二季播出之后，全国迅速掀起了重庆小面热。重庆小面的家喻户晓使重庆的不少调料生产企业马上意识到，这是又一个能与火锅底料相提并论的大好商机。调料生产企业和部分小面商家立刻开始了对小面佐料和小面臊子工业化生产的开发工作。一时间各色小面佐料（特别是红油辣子）争先恐后上市。很快，市场的反馈回来了，一部分企业调研论证不够，选择定位不准确，生产条件不成熟，仓促上马，生产加工出来的小面调料就不受欢迎，造成产品积压，甚至生产停止。而一些企业注重标准化加工程序，注重择优购进原材料，注重加工环境卫生以及加工过程中的无污染，加工出来的小面佐料就大受欢迎，产品供不应求。在这些受到市场好评的企业中，有一些已经由小批量手工生产扩展到规模化生产，研发了红油辣子的炕制、舂制、炼制，小面佐料中姜、蒜、葱、花椒等佐料的量化投入以及杀菌、包装等方面的机械化技术，使产品的产量和质量都得到了极大的提高。

除了小面红油和小面佐料之外，一些有实力的食品生产企业在充分利用自身的生产设备、生产条件和生产经验的基础上，依靠企业优秀的研发团队，经过反复的定向研发和试制，通过市场的信息反馈后，生产出重庆小面中最受欢迎的红烧牛肉、杂酱、豌杂、红烧肉臊子罐头，以及小面专用猪化油罐头，由于这些产品经过了科学的生产加工流程，完全符合国家质量标准，口味正宗，使用方便，一经问市便很快受到广大食客的接受和好评。

重庆小面红油辣子、重庆小面佐料、重庆小面臊子等的工业化生产、推广、销售，使重庆小面走向全国的步伐更加厚重有力。

重庆小面趣闻

寻黄问面

中央电视台电视纪录片《嘿！小面》和《舌尖上的中国》对重庆小面进行了报道之后，很快在全国掀起了重庆小面热，到重庆旅游的人都想第一时间品尝重庆小面。他们到了重庆后发现，重庆的小面馆实在是太多了，有时在一条只有六个店铺的街面上，光经营重庆小面的就占了一半。他们纳闷了：究竟哪家小面好吃呢？于是他们去入住酒店的登记处询问，酒店的工作人员告诉他们，最好的办法就是“寻黄问面”。“黄”指的是重庆的出租车，因其涂装为醒目的鹅黄色而得名。因为出租车司机职业的性质就是走街串巷，为了赶时间，平时吃得最多的也是小面，他们对重庆城区好吃的小面馆可以说是了如指掌，用自己的舌尖侦察得一清二楚。只要外地客人上车一打听，司机就能直接把人送到好吃的小面馆门口。有位客人在大饱口福之后，用微信在朋友圈晒出了面馆的图片并附感言：“寻黄问面何店佳，一尘巴士到此家，美味了却舌尖事，不负盛名点赞夸。”

胖妹面庄前的喜剧

2016 年深秋的一天，一位在北京做餐饮生意多年的老板打算在首都开一家小面馆，为此，他一行三人专门来重庆考察小面市场。在北京，他们就听重庆的朋友介绍，重庆有家胖妹面庄的面很地道。他到了重庆的第二天早上，便慕名来到胖妹面庄吃面。吃完之后，他想拜见一下老板胖妹，于是就向煮面的师傅打听，师傅指着一位鬓发已白正在收钱的嬢嬢说："她就是胖妹。"这位北京朋友顿时傻了眼。嬢嬢见状笑着说："我最初开这家面馆时只有三十多岁，二十多年过去了，当然成了老太婆咯。"她又说道："有个老顾客还给我写个顺口溜——十年煮一面，胖妹熬成婆，还是这般味，生意没得说。"煮面师傅搭腔："虽然老板的岁数大了，但常客还是喊她胖妹，喊习惯了，觉得这样更亲切。"北京朋友听后恍然大悟，他伸出了大拇指说："能够几十年经营不衰，其中肯定经历了不少磨砺，付出了不少心血，虽然你的头发花白了，但胖妹面庄却'风韵犹存'。"

先吃面后赴宴

重庆人每逢出差去外地，多待了几天之后，就会开始思念家乡美食，特别是重庆使人魂牵梦回的那碗面。虽然外地也有一些小面馆，但味道却无法与重庆本地的小面馆相提并论，不吃则罢，一吃则更加怀念家乡的麻辣小面了。所以，他们从外地返渝后，都要以最快的速度去吃碗麻辣小面，以洗去羁旅风尘。在重庆机场常有这种事情发生：几位到机场接机的人将返渝的朋友接到后，打算去预定好的酒楼为他接风，但这位略带倦容的朋友却直奔小面馆，要了一碗干溜面，还吩咐师傅麻辣加重点。面吃完后，他立马来了精神，对接机的几位喊道："走，去喝酒，不整醉不算数。"接机的几个人一愣，都大笑起来。

重庆小面的另类作用

有的重庆人还把吃小面当成治感冒的良方，有点小伤风、小感冒什么的，早晨来到面馆叫上一碗味道浓烈的麻辣小面，秋风扫落叶般将面进肚之后，由于辣椒、花椒、姜、葱、蒜及醋的综合作用，出一身毛毛汗，顿时感觉轻松了好多。

有的人熬了夜或者喝醉了酒，便会在第二天早上去面店吃一碗麻辣小面，熬了夜的疲劳和酒醉的难受会立马“松活”。难怪有人把小面当成驱瞌睡的“灵丹”，醒酒的“妙药”。有人还写打油诗道：“昨天加班熬了夜，瞌睡迷唏嘴无味，一碗小面穿肠过，既振精神又解困。”

为吃面“掰嘴劲”

如果有人问：“最好吃的小面在哪点？”答案一定是：“在我家楼脚。”有一天，在某单位的办公室就出现了这么一幕：老王说我小区边上那家面馆的麻辣小面红油辣子香得安逸，大李说我住家附近那家面馆的牛肉面没得说，小张称每天上班路过梯坎下的那家面馆的豌杂面巴适得很……几人各抒己见，互不买账。掰完嘴劲，老王表态道：“不要说那么多，明天早上我请你们二位去吃一碗，看封不封得住你们的嘴。”大李也不示弱，马上接着说：“那么后天到我说的那家，请你们吃，看谁吹得神。”小张听罢嘘了口气说：“我的岁数最小，肯定没有你们的见识这么广，大后天我也做次东，尝尝我推荐的豌杂面，请前辈们定论定论。”重庆小面馆很多，各有千秋，每个人都有自己最认可的小面馆。这种“掰嘴劲”的事情屡屡发生，人们见怪不怪。

味觉跳跃适口珍
记忆流淌舌尖醉

第四部分

重庆小面故事

面对面的想念

◎ 李海洲

没有谁能走出一碗小面的照耀，舟行水上，而面条在铺满红油和豌豆尖的青花碗里过江。重庆的街道九曲回环，小巷幽深，一个弯过去，再来一个弯，总有一家挑着帘子的面店在隔街等你。书剑风流的才子、华袍披肩的美人，或者刚刚卖掉蔬菜的农妇，大家围坐一方木质清晰的条桌，像水泊上围着一个大碗分金的梁山。席间门帘轻扬，有人踏着薄霜披星戴月而来，人未到话音已掷地有声：臊子面二两，汤要宽，味要大，多下两匹嫩菠菜。

小面在重庆人的记忆里一直唇齿留香。那种香气独特、温暖、刻骨铭心。远足归来的人群来不及卸下疲倦，狂风般卷进的第一个地方只能是面馆：红绿相间的佐料撒下，半瓢骨头汤，一枚像江上抖开金丝被面的煎蛋……在夜色下或者晨昏里，人的心态和味觉一瞬间就踏实和鲜活起来。那是生活最本初的味道，也是俗人理解不了的雅致幸福。而山城潮湿多雾，山泉清澈如透，一把海椒一碗面，成了很多年前就开始的生活方式。一个重庆人的一生，落肚的怕是有上万碗面。那面条滋味绵长，吃着吃着，儿童便山峦般高昂着头骨，女孩则出落得貌美如花，她们的爱情，就像面条那样柔软和滋味绵长。

热爱那些在滚烫开水中潜泳的小面，热爱那些椒红碗白、葱绿筷黄的场景，那是城市繁华中精美的细节。这里家家户户的媳妇大多心灵手巧，几十味小面调料在她手里如摘星捉月般手到擒来，姜末蒜水、细盐精油，白的是豆芽绿的是火葱，而那筒骨汤早已炖得雪白如霜……在那刀功密集的菜板上，小面其实是持家女人打开男人好胃口的另一只嘴唇。

重庆的面馆像上帝随手丢落的石子，布满所有寻常小巷，大小垭口。那熟悉的水面、宽面、干面，散发出来的是目不能视者也能分辨清楚的气息。而小面又像一个大众情人，任何荤汤素菜都可一碗共寝：牛肉、肥肠、排骨、肉末、烂豌豆……所有的东西都可以同它和平共处、相安成味。长长的漏勺在滚烫的锅里提出二两小面，半瓢牛肉或煮得烂熟的豌豆结实地浇上，一切都充满了自然之道，仿佛风轻云淡里，生活的幸福已经简单到只剩下一碗回味悠长的小面。

山水城市的人聪慧而个性，重庆数量庞大如过江之鲫的众多面馆也花枝各异，充满缤纷的颜色。一家叫“开半天”的面馆生意是只做半天的，主人将猪耳朵卤得精熟，切得薄如蝉翼，一碗面配上一小份猪耳朵，可来二两白干，中午的日头便被佐得绵长舒适；而“眼镜面”则是解放碑附近名头最响亮的铺子，面条是定做的，宽窄和寻常小面不同，咬上去要有力量或者说要扎实很多，俏头是花糕似的好牛肉，切得半只手掌那么大，先于昨日借红椒卤水炖得烂熟。一碗面浇上三四块牛肉，想多要点牛肉汤都没有。虽然名字叫“眼镜面”，但老板的脾气却并不是架了一副眼镜那么斯文。诗人何房子有次以商量的口吻置疑：是不是太咸了点？老板很随便地说：咸了就不要来吃了！何诗人从来没遇见过这样的态度，几乎晕厥过去，但第二日中午他又早早地出现在这家面馆等候面条上桌。

也许没有哪座城市的人像重庆这样具有小面情结。一碗面在手，或者再添上半杯二锅头，就管不了那白云苍狗是否在天边晃悠悠了。这其实是一种最简单的生活态度。而那些花样百出的小面，看似粗糙而实则精致细腻，刚好暗合了重庆人一直不被外界剖析的性格。所以，尽管每天都在“面对面”，但他们仍然都在相互想念。

饮食怪才与浑泼面

◎ 李伟

这碗面，有一个匪夷所思的名字，和江湖上流传的一个故事有关。

某个夜深人静、细雨纷飞的晚上，张三和王四两个男人，又冷又饿，日子难过，蹒跚着走在万籁俱寂的大街上，左顾右盼，突然看见了“浑泼”两字。俩人大喜过望，似在空旷原野中看见了一堆篝火，抖擞精神，决定上前讨碗水喝，且暂时休息一下。

近得身前，方见横招上写着“浑泼面”三字，始知夜色朦胧之中，双眼昏花，“浑泼”不是民居而是面馆，欲走还休，磨磨蹭蹭，干脆掀帘进屋，让小二来碗“浑泼”。浑泼不是婆，而是面，俩人双手捧碗缩颈而食之。葱白辣艳，红情绿意，得此周身俱暖。俩人大呼过瘾，连喊“霸道”。天色微明，张三、王四走进鸡鸣狗叫的江湖，“浑泼面”的名声不胫而走……

我听见的这个故事，是“饮食怪才”唐亮“唐肥肠”告诉我的，他重出江湖后开了一家私房菜馆，还有这家“浑泼”面馆。故事的核心部分非常真实，比如“浑泼面”好吃，霸道，江湖上口碑相传，人来人往，像其店主“唐肥肠”一样，成了重庆小面圈中的一个传奇。

“闻名不如见面，见面胜似闻名。”在我对“浑泼面”有了切身体会后，更是感同身受、心有所思。那天晚上也下着小雨，隆冬的重庆寒风凛冽，我与三四位同事一道，和“唐肥肠”一路向位于观音桥北城天街的“浑泼面馆”奔去。晚上八九点钟的光景，面馆却是一番热气腾腾的景象，如果不是事先“唐肥肠”给“店小二”打了招呼，也许我们连座位都没有一个。

“浑泼面”与众不同，由各种面混搭而成，混合了山城甜水面、万州杂酱面、陕西油泼辣子面和成都担担面的味道，色香味俱全，麻辣诱人，让人欲罢不能。我问一位正吃得满头大汗的小伙子，“好吃不？”“安逸，不摆了，”小伙子抹了抹嘴接着说，“我一般只吃二两面，在这里吃的都是三两。”

我环顾四周，见进门右侧墙上，挂着三幅画，似是在讲述一个故事。第一幅画中，一位老头和一位老太婆围桌而坐，好像在商量着什么事；第二幅画上，老太婆面对着一碗面，自言自语道，我就是浑泼面；第三幅画上，食客边吃面边说，味道霸道。

我不禁笑了，这个“浑泼”有点像传说中的“王婆”，自卖自夸，一点也不谦虚。不过“王婆”的瓜也好、“浑泼”的面也罢，却也货真价实，让人津津乐道。店堂另一侧墙上，横挂着一幅书法，内容是关于“浑泼面”的注解，采用顺口溜形式，由唐亮创作，写的是“浑泼面、食之客、面之味、重庆人、火性格、重豪情、哥们会、麻香味、辣满堂”，等等。

先上的是卤菜，有猪耳朵、肥肠、豆干等，我们也不客气，就着啤酒吃了起来。卤菜除新鲜外，还清脆爽口，有滋有味，与平时吃的卤菜大不相同。接着汤圆来了，皮薄馅厚，软糯爽滑，汤头甘甜，好吃得很。据说，这里的汤圆是除招牌“浑泼面”外，又一大特色，经常卖断货。还有一个特色小吃是抄手，个头很大，相当于其他抄手的两个，形状有点像大头金鱼，浓油赤酱，肉质鲜美，同样爽口得很。最后上的是“浑泼面”，小二煮了一大碗，我们几个人从中挑一小撮，放到小碗中吃。我刚吃了一口，“唐肥肠”便问我：“怎样？”我说，麻辣鲜香，口感丰厚，确实名不虚传。

这晚我们一行酒醉饭饱，感受了“浑泼面”的与众不同，更对“饮食怪才”“唐肥肠”的多才多艺，有了一个新的认识。

吃面就是一种生活哲学

◎ 陈娇

我家人十分喜爱运动，尤其喜爱走路。自“微信运动”风靡以来，我父母便按捺不住内心的悸动，决心长期霸占他们各自朋友圈的“微信运动”封面。我本身对走路并不感兴趣，但对食物却毫无抵抗之力。血浓于水，父母自然知道我的软肋，于是在一个阳光明媚的周末问我：“你知道那三支路的‘钓鱼猫面’吗?”我说不知道。他们便说：“跟我们一起走路吧，然后就去吃‘钓鱼猫面’。”彼时正饿，我也没多想，便答应了。

谁知这一答应，就上了“贼船”。三支路在渝北区两路双龙大道的背街，说起来离我们家也不远，硬要走路的话，一个小时也能走到。但很快，我就惊异地发现，我们在朝与目的地相反的方向行走，而等我反应过来的时候，已经登上了轨道交通三号线。原来父母所定的步行起点并不是我们家，而是远在20公里以外的观音桥。

下了三号线后，发现参加此次步行活动的人并不只我们家，还有父母的几位朋友。我叫苦不迭，观音桥周围好吃的小面千千万，何故偏要走上20多公里去吃“钓鱼猫面”呢?父亲发现了我的黑脸，并没有气恼，而是慈祥地说：“收获并不是这么容易的，作为重庆人，应该将每一碗小面都视作恩赐。”

我只好点头，深吸了一口气，踏上了艰难的行程。一路上，我们跋山涉水，用干粮果腹，历经千辛万苦，终于在6个小时后到达了目的地。“钓鱼猫面”是一家小店，蓝色的招牌上，“钓鱼猫面”4个艺术字体格外显眼。时值下午，店里人不多，我们一行人却没有选择在店内就座，而是叫老板拿出几张塑料凳，在马路沿一字排开，然后坐在小圆凳上，静静地等待美食到来。

待热气腾腾的小面端上凳后，我们都抑制不住激动的心情，大快朵颐起来。“钓鱼猫面”以干溜见长，佐料丰富，并配以剁碎的煳辣壳，在充分挑匀之后，面条色泽饱满、油亮，让人垂涎。吸入嘴中的一瞬间，首先刺激味蕾的，是一阵轻微的爆裂，那是辣椒的狂欢，但并不骇人，算是热烈的前奏；随后，千万佐料徐徐晕开，渐渐晕满舌尖，它们相互交融，宛若一首宏大的交响曲。待咽下之后，余味依然回荡在口腔内，那是在提醒我，该吃下一口了。

在整个过程中，我们一行人沉默不语，唯有吃面的声音此起彼伏。末了，老板适时端出几碗面汤，面汤热而不烫，用最温柔的余音结束了这场盛大的“小面音乐会”。

吃过“钓鱼猫面”之后，我想我懂得了父亲的那一席话。重庆人爱吃小面，是因为小面存在于重庆人的骨髓里，那千变万化的佐料，那饱满油亮的色泽，正是重庆人的真实写照。千百年来，重庆人以劳动为生，从来不拘小节，却对生活有着永恒的追求。重庆美食看似粗糙，却囊括了生活中的酸甜苦辣，火锅如此，小面亦然。

之后，我经常去吃“钓鱼猫面”，都是从家里走过去吃，后来，“钓鱼猫面”只开到中午，而为了吃一碗小面，我也甘愿牺牲自己的懒觉时间，一次，我在小圆凳上看着“钓鱼猫面”的标牌出神，突然间想到，其实重庆正像是一片江湖——美食的江湖。江湖中，每一条鱼便代表着一道美食。美食何其多，江湖也何其浩渺，而作为食客，寻找美食其实正是钓鱼的过程。是啊，“收获并不是这么容易的，作为重庆人，应当将每一碗小面都视作恩赐”。

小面是解决婚姻问题的“大姨妈”

◎ 蔡森炜

前几日回家，发现老两口彼此间气氛奇怪，目测是吵了架。这些年来，他们的感情已经形成了一个较为规律的周期，我掐指一算，距离他们上次发生龃龉已过了好一段时间，也该是时候了，遂也没过问，只当是他们婚姻中的又一次“大姨妈”。快吃晚饭的时候，一直沉默地坐在沙发上的爸爸倏地站起来，咕哝了一句：“我出去吃面。”便径直走向门口，换好鞋，拉开门，走了。

这一幕突然让我感到似曾相识，在记忆里翻箱倒柜了一阵后，我想起来，很久以前发生过相似的事。那是我还很小的时候，他们也还年轻，吵架不像现在这样沉默应战，而是蓄满了火力互相喷发。那天，在他们互相疯狂咒骂了差不多一刻钟过后，妈妈撂下了一句狠话，随即夺门而出。屋里留下大口喘气的爸爸，和同样因为哭泣而大口喘气的我。一分钟后，爸爸大概是想到了恐怖的可能性，拉上我就往门口跑，跑到街上后，说：“把眼睛瞪大点，找找你妈在哪儿。”

我们找了一段时间后，终于在一家小面馆里找到了妈妈。她正在喝面汤，喝完后看到了我们，先是欲言又止，然后说：“这家面真的好好吃。”

一句话，让半小时前的激烈争吵灰飞烟灭。随后，一家人其乐融融地吃起了小面，其间不停发赞叹——那家面真的很好吃。

后来，我们成了那家面馆的常客。我们喜欢小面，尤其是周末的中午，谁也不想做饭，于是小面便成了午饭的最佳选择。我们曾经寻觅了多家小面馆，均因为我们的挑剔味蕾而被淘汰。那时候还没有“重庆小面 50 强”的概念，要想找到一家极品小面，实属不易，而此番终于找到的这家，竟然是因为父母吵架，倒有点无心插柳柳成荫的意味。

再后来，那家面馆换了地址，我们于是只得另寻他处。这座城市的发展快得令人发指，当一片片破败的小区摇身一变，成为繁华的摩天大楼时，那些隐藏其中的街头美食，也随之消失不见。因此，我们家时常转遍大街小巷，尤其是那些尚存的旧式居民区，目的只为寻得一碗让人魂牵梦绕的小面。一次，因为朋友推荐，我们不惜开车行驶了十多公里，待终于找到那家面馆，仿佛寻得了宝藏一般，几乎热泪盈眶。

在我看来，好的小面，正如同好的香水那样，拥有不可或缺的三大要素：头香、中香以及尾香。头香自然指的是飘散而出的香味，当面端上桌后，如果味道不足以让人垂涎欲滴，那这碗面大可直接倒掉不吃。中香，则是味道，面条劲不劲道、汤汁浓不浓郁、辣椒花椒是否搭配得当，皆是一碗小面的灵魂，缺一不可。拥有灵魂的小面，会直接“控制”吃面人，你根本不用想着如何动筷，面条自然会送入口中。至于尾香，则是吃完后咂嘴的感想，回味无穷后，你会想着：下次还来吃。如此，三香结合，方能称得上是小面中的上品。

但或许，还有一样东西尤为重要：情怀。记得前段日子，一位北漂失败的友人回渝，我前去看望，她刚下飞机，还未来得及回家，我们坐在公园里的石凳上，听她诉说着自己的经历。说着说着，她竟泪如雨下，我一时无措，而她却哽咽着说：“我现在真的好想吃碗小面……”

是的，小面的浓烈，正如同重庆人的浓烈，我们可以随时想到小面，而小面，也随时散发着它那猛烈的鲜香，飘散在重庆的大街小巷，飘散在每一个重庆人的心中——那天，爸爸吃完面回来，若无其事地说：“我们家附近开了家‘胖妹’，味道不错，你们知道吗？”我和妈妈已经吃完饭，正在收拾碗筷，妈妈听了，撇了撇嘴，说：“那下次去吃。”我看见她带了一丝笑意，便知道，这场吵架，终于结束了。

道是无名胜有名

◎ 朱海峰

我从未想过要离开重庆到另一座城市生活，除了家人和朋友，离不开这儿的美食可以说是首要原因。我迷恋重庆的每一种美食，而小面，当之无愧地居于首位。

记忆中，自打有零花钱起，我便将之一大半都消费在了面条上。彼时的小面，一块五二两，路边小巷，居民楼下，随处可见一罐气灶，一张操作台，几条塑料凳构成的小面摊在揽客。食客与老板都在扯开嗓门对话，或许欠缺些讲究和体面，但却展现着重庆人血脉里流淌的江湖豪气。

现在，随着《舌尖上的中国》和《嘿，小面！》热播，加之物料人工费用的上扬，原本低调亲民的重庆小面遍布全国，身价倍增。街边小面涨到了六七块，有着名人光环的小面甚至能卖到二三十。

而我追逐小面的脚步，却依然逗留在那些坚持着传统手艺的简陋铺面上。一口锅、一张台、一双手、一碗面，位置招牌环境都不重要，味道即“王道”。所谓情人眼里出西施，小面也是千人千“面”。每个人因为自身的偏好和口味，也就有了自己心中的最佳面馆。能让我忍着咕咕叫的肚子还愿意花上半小时车程去大快朵颐的那么一家面摊，隐匿在重庆上清寺的一个居民楼入口处。

这可能连面摊都算不上，我第一次慕名前往的时候走了三个来回才发现，当时一对中年夫妇正在收拾锅碗瓢盆，上前一问，被告知一点钟收工，下次赶早。我低头一看时间，一点一刻，抬头想看店名，看到一个硕大的八卦，旁边居然写着“风水取名”。我乐了，怪不得找不到，原来是风水好。

虽说扑了个空，我还是揉着被馋虫填满的肚子打量了一下所谓的店面——老式居民楼入口，满打满算能有五平米，进门对着墙上横着一块不到两米长的木板当桌，当时还有一人在满足地挑食着残存的几根面，旁边放着三条塑料椅，看起来收敛着点儿能坐三个人，木板旁是这栋楼的邮件箱，上面放着还没来得及收的芽菜葱花之类比较轻的备料，倒角又是一块不足一米的木板，放置没卖完的面和一个小锡缸(后来知道是放杂酱的)，临门靠墙放了一张桌，桌面用以放佐料和打好调料的碗，桌下的空间用以摆放空碗和油、水之类的重型备料，夹角处是一方灶炉，墙上已有了浓烈的黑色烟熏痕迹。

这就是我对这家至今也没有名字的小面店的第一印象，换到其他城市也就是一天卖街坊几碗面来维系生计的小生意铺，但是，这里是重庆，有着一群可以在垃圾站对街吃麻辣小龙虾，只管味道不管其他的重庆人。颓败的铺面，往往能诞生惊艳的美味。

果不其然，第二次我轻车熟路抵达这家面馆的时候是十一点四十五，门口的台阶上已有七八个人端着碗，或站或蹲在体验一碗面条带给他们的愉悦和满足，居民楼入口也拥满了食客在看老板打佐料、挑面，狭小的空间只容得下老板转个身。我要了个二两小面，看着女老板小心翼翼配置放在台上的十余种佐料的比例，仿佛多放了一颗味精一滴酱油都会砸了他们本来就不存在的招牌。男老板根据报上来的分量抓起一把面往锅里一扔，再掰几片包包白菜叶下锅后便问食客的偏好，三五分钟后逐一起锅分发，众人便哪儿有地儿哪儿吃去。而他们又开始了新一轮的劳作。

他家的面默认都是干溜，辣的辣椒油，麻的花椒面，脆的芽菜粒，秘制的麻酱连同味精酱油姜蒜水猪油等佐料包裹着定制的加宽加厚面条，吃起来酣畅爽口，韧劲儿十足。间或吃到一口四季不变的包包白，麻辣鲜香中透着脆嫩的清甜，很大程度缓解了口腔中的油腻感。一碗面吃完，加上一勺面汤调匀贴在碗壁碗底的佐料，一饮而尽，那种畅快与舒爽让人一言难尽。

在我吃面期间前来觅食的人络绎不绝，巅峰客流量能达到二三十人，这对于一家只有三个座位的面摊来讲，只能用火爆来形容。我吃完面放下碗便逃离了，这里火热的氛围和食客找地儿吃面的眼神会让你产生一种多耽搁一秒钟都是占着茅坑不拉屎的奇怪心理。

去的次数多了，与老板渐渐熟络起来。与老板的闲聊中我得知，他们所用的食材都是精心挑选，价格不菲的上等好料，每天新鲜制作次日的用料以保证每一碗面的鲜美。这让我想起了老字号同仁堂坚守了三百余年的古训——“炮制虽繁必不敢省人工，品味虽贵必不敢减物力。”我也问过为何不拓展店面搞加盟做大做强，老板用一个“累”字干净利落地打发了我。在这速食快消的年代，还能坚持专注地做好一件事，一碗面，也理应被敬畏和尊重。

九妹喊你吃面了

◎ 杨春华

重庆的大街小巷，多如牛毛的面馆是城市不可或缺的招牌；那一碗碗重庆小面，充实着重庆人的肠胃，刺激着人们的味蕾。而重庆众多的面馆中，最体现面馆实力的小面，味道也是最丰富多彩，吸引着各自的拥趸。俗语说：一方水土养一方人。在重庆，一个小面馆，往往代表着附近居民的口味。可以毫不夸张地说：离开了重庆，要吃到味道正宗的重庆小面，几乎不可能。

重庆的餐馆，常以“某哥”“某姐”“某妹”“某婆”等命名，显得亲切。“九妹面庄”便是这么一间最能体现重庆特色的面馆。什么是“重庆特色”？容我先卖个关子。

知道有这么一间“九妹面庄”是新近的事，来源于同事的介绍。因为工作的原因，我常需去江北洋河一带公干，碰到午餐饭点，为了节省时间，一碗面条是许多重庆人的首选，既填肚子又解馋，也是我独自出门在外的主要饮食。

“九妹面庄”位于江北区地税局斜对面。乍一看，让人颇有些失望：三四张小桌子的店面，挤在乌鱼庄和香烟店的夹缝中，四个红色的大字“九妹面庄”，在黑色的背景映衬下，倒也醒目。因为门脸太过普通，我有些犹豫，看看手表，其时还未到十二点，而“九妹面庄”那狭小的店堂，却只剩下一个空位，我心中一动：找饭馆，随大流准没错。

跨进店堂坐下，我抬眼审视墙上挂着的菜单，不过是小面和豌杂、肥肠面一类，并无什么独有的特色，向旁边桌子张望，几个人慢条斯理地吃着面，也看不出他们吃的品种。不过吃重庆的面条，有一道必点的菜式，那就是如今名闻天下的小面。小面够“小”，除了一掌水面，便是几片绿叶蔬菜，搭配每家面馆秘传的佐料，别无他物。但就是这样够“小”的小面，往往最能体现一间重庆面馆的实力，也是面馆不须多言的招牌。

我按照惯常的三两小面，一个煎蛋，一瓶青柠口味脉动的“标配”点了面，坐在餐桌前刷微信，不经意间看到中学的群里有人回忆起以前一位连吃七碗小面被称作“肉山”的同学，不禁莞尔，看来这小面在任何地方都渗透进了每个重庆人的日常生活。

一位笑容可掬的阿姨将一碗热气腾腾的小面端到我面前，打断了我的思绪，肚子此刻应景地“咕噜”了一声，我赶紧放下手机抄起筷子，忽然想起该先拍张照片，赶紧将面碗在桌子上挪来挪去，找寻最佳的角度。那位阿姨站在一旁，禁不住发出声音：“把筷子插在面上，拍起来更好。”

吃面先观“色”：面细，并无浓烈的佐料，几粒葱花，汤不够宽，似乎还少油，看上去非常一般。我心里不禁有些惴惴：如果是一碗难吃的小面，辣椒、油、面条都不对，叫人情何以堪？我以前是吃过那般难吃的小面的，真的是难以下咽。

用筷子将面条挑了几下，那面条竟发生了奇迹般的变化，油色润泽，顿时增色不少，而最令人垂涎的是，一股浓烈的辣椒香扑鼻而来，让我顿时对这碗不起眼的小面刮目相看。

挑起一夹面条放进口中，验证了我对这碗面条的第一观感：面条软硬适中，汤头不浑不腻，挟裹着干香的辣椒滋味，让人回味无穷。

一口气吃完三两小面，外加一只煎蛋，抬起头来发现身旁竟已候着好几个人，看来这间看上去毫不起眼的“九妹面馆”早已名声在外。我此刻无意去探究那“九妹”源自何处，只需记着这般难得的美味，便已足够。或许，这便是重庆餐馆的特色——店面普通，甚至有些破旧，但味道绝佳。

店名虽“歪”，味道却正

◎ 四夕

曾听闻有人道：“找不到工作就去开个面馆，反正只赚不赔。”我一脸疑问，那人提高了音量说：“3000多万重庆人撇去零头，也还有3000万是顾客，在哪开都不愁没客人。”当时，我不置可否。

高中毕业后，我离开忠县到重庆主城念书，才发现这句话不无道理。仅大一一年的时间，我就从一个讨厌吃面的人变成了面食的拥趸者。这座城市，似乎有着一种魔力，可以让人忘掉以前的饮食习惯，同本土人一样吃嗨喝嗨，而小面，就是一个开始。每天早晨，不管上班族还是农民工，无论“土豪”还是“屌丝”，都齐刷刷地蹲在路边，或者倒背着领带，或者露半截嫩腰，面红耳赤地对着一碗面，吃得山响，深藏功名。

大一那年，我和同学因为喜欢小面，满城跑，为的就是能尝遍小面50强。偶然一次机会，在观音桥兴竹路附近看见一家名叫“歪小面”的面馆，这年头，重庆面馆的名字没有最奇葩，只有更奇葩。“名字不错，面应该也不赖！”我们走进这家面馆，里面已是满座，一名女店员走到跟前，问我要吃什么，有哪些口味要求。“清汤里少加点辣椒，多菜。”“要不要豆浆？”我点点头，她在一本浅黄色的便笺纸上作完记录，再口述一遍我的要求，然后给了我一张号码牌，让我稍等。

在这个不足20余平方米的面馆，6张桌子，一次可容纳24个人。店门外大板凳作桌、小板凳为椅，随时待命。生意好时，要等上

个 10 分钟左右，而一碗面从下锅到起锅只需要 3 分钟。

屋内的男女老少正“呼哧呼哧”地嗦着面，乐在其中。“老板，再来一个煎蛋。”趁等待之余，我和旁边一位中年妇女攀谈起来，她告诉我，她就住在附近的小区，这家面馆开了多少年，她就吃了多少年。

而这家店，已营业五个年头，老板是一名四十多岁的中年男子。四年来，他坚持自己掌厨下面，妻子端盘送面。在他们的家中，老公是厨艺担当：“以前见别人开面馆，生意挺好，在家人的鼓励下，自己也开了一家，生意还可以。”据旁边的门面老板说，生意好时，他就一直在厨房煮面。“不知卖了多少碗面，赚了多少钱。”

面对旁人的调侃，老板抿嘴笑了笑说：“夸张了，没有那么多。”但旁人口中的生意兴隆，对老板来说，并不是看好运，而是凭实力。重庆人对小面优劣的评价标准，最主要是佐料，小面的佐料是其灵魂所在。而他们家的麻辣是经过自己多次的研发，面的搭配则是根据顾客的意见，不停地作调整。有人形容说，一进面馆，空气里都是麻辣的味道，而最好的味道就在风的方向里。

辣是精髓，辣得好，味就好，吃遍那么多家小面，辣也是不尽相同。这家歪小面，油辣子、小葱花、骨头汤，大量的蒜水姜末味精酱油等调料香气飘出，再加几片新鲜的莴笋叶或豌豆尖，卷上舌尖，直入人心。清汤味鲜料厚，红汤辣口不辣心，面条劲道爽滑，分量很足，入口就有润泽饱满的感觉。嗦完面，将汤一饮而尽，顿时精神抖擞，活力可持续一整个上午。

回头客愈来愈多，陌生的面孔也愈来愈多。老板和妻子忙不过来，专门雇来一位可靠的亲戚招呼客人，让他记录客人的口味和喜好，尽量让每一碗小面都令顾客满意。“面好，还得态度好，大家吃的是一份惬意和情怀。”冬天的天亮得很晚，早上不到七点，这家面馆已是灯火通明，到“歪小面”来一碗面是附近上班族的不二选择。重庆的晚上是火锅的天下，所以，下午三点后，“歪小面”打烊，由一家火锅接手面馆的生意。

重庆各家面馆的小面别致新颖，或是在小面的硬度上，或是在辣椒的炒制上，或是在荤素油的配比上……只有经常吃小面的人才能分辨出其中的差别。这一碗质朴的重庆小面品尝完了，还有很多不同口味的面等着去品尝。小面吃不厌，就是这个原因吧。

黄葛树下的老重庆味道

◎ 梅子酒

“这么多碗排起，你觉得怎么样？”

“嗯……很有气势。”

这是我和胖哥面庄的老板胖哥的第一次对话，听起来好像有点突兀，不过我和这家面庄的缘分倒还真是从对话中那两排看起来很有气势的碗开始的。

时间往前倒退一个小时，早上在家吃了一小碗汤圆，我便急急忙忙往公司赶，没想到那条每天必堵的桥今天破天荒地一通到底，等到了公司楼下，手机摸出来一看，才八点半，离上班时间还有一个小时，正好那碗清汤寡水的小汤圆已经在摇摇晃晃的公交车上消化殆尽，肚里空空。于是乎，我决定寻一家面馆，吃上一碗热乎乎的小面。

看了看路边几家面馆，吃得太多回，实在没什么食欲，便迈开步子继续往前走，想另寻一家没吃过的尝尝鲜。一路往上，突然，两排重重叠叠的白瓷大碗强势地闯进我的视线，让我不由得想起大学时期食堂小面窗口内的情景，也是这样的白瓷大碗，每个碗里都打好佐料再一层层垒起来，随时等待着迎接“饿狼军团”来袭。那股熟悉感领着我走进店里，说是店，其实就是一块黄葛树下的小坝子，沿路的一边种上花草隔开，便形成了一个独立的空间，坝子上摆着老重庆面馆的标配——一个高塑料凳加上一个矮塑料凳，因为种了一圈花，倒是比直接摆在路边显得要干净一些。再往里走，才是真正的店里，只有四五张桌子，零零星星地坐了些人，与坝子上的热闹格格不入，看来等会我也应该试试在外面吃面。

在阿姨的热情推荐下，点了一碗店里招牌——豌杂面。趁等面的间隙，我拿出手机准备拍下刚才就一直吸引我目光的两排白瓷大碗。这时，一个中气十足的男声从我背后传来，吓得我手一哆嗦，差点把手机扔了出去。他就是开头问我看着这排碗感觉怎么样的人，也是这个店的老板胖哥，后来我从他口中得知，这家店已经开了二十几年，附近很多居民都是吃着这里的面长大的。这不禁让我对刚才点的豌杂面又多了一份期待，毕竟能开二十几年的面馆味道自然不差了。

等面煮好，不等阿姨出手，我便迫不及待地自己跑到师傅那里把面端到塑料凳子上，只见眼前白瓷碗中浅色的豌豆与深色的杂酱各占半壁江山，宛若太极图，面条的模样几不可见，一看老板就是耿直人。将面条与豌豆、杂酱搅拌均匀送入口中，豌豆的细腻、杂酱的焦香与面条的爽直完美结合，一口接一口，根本停不下来，再喝上一口一直吊着的骨头汤，清爽解腻，恰到好处。不愧是二十几年的招牌，能吃到这碗豌杂面，今天不虚此行。

走吧，我带着你，你带着钱，在黄葛树下，在杜鹃花旁，乘着清风，伴着阳光，去尝一尝正宗的老重庆味道。

“哆哆”的外婆情怀

◎ 刘露

在人来人往的沙坪坝石碾盘中央广场，高楼在烈日的映衬下折射出一道道耀眼的光芒，一切都以一种开放的姿态昭示着都市现代气息。回眸转角处，一束束大红灯笼与黄色墙壁、红色砖瓦、青葱绿叶交相呼应、沉醉时，一股油辣酱香味儿扑鼻而来，转过头，大红灯笼的辉映下，红色古朴的布面上，“哆哆面”三个字热情俏皮地与你碰个正着，正值饭点，生意爆满，客人已经从店里坐至院外。

不到三分钟，一份牛肉面以一种小心翼翼而又轻快的节奏，端到顾客面前。院内角落处，一张小桌旁，在服务员的指引下，记者见到了戴着黑框眼镜、正与友人聊着天的老板陈嬢嬢。

说起店名的来历，陈嬢嬢说：“2003 年，小外孙出生，我去工商局给面店注册，工作人员问店名，脑海里闪现出外孙‘哆哆’的小名，于是，有了这个店名。”

哆哆面在石碾盘一开就是快二十年。今年一月，陈嬢嬢买下现在这个位于中央广场旁的店面，尽管位置变了，但还在这条街上，仍有络绎不绝的顾客问询前来。

哆哆面最大的特点是 24 小时营业，很少做宣传，靠的是纯口碑。面条的制作有严格要求，面厂按老板的要求做，才有了弹性十足又不失软糯的面条质感。哆哆面，绝不外送，老板明白，面条做好后超过 5 分钟，会丧失最佳口感。

“白天卖四五百碗，晚上三四百碗，冬天时，由于气候冷，吃面的人会更多，效益会更好。”陈嬢嬢说。

“红烧肉、牛肉都是我亲自烧的，杂酱精选三线肉和精瘦肉，卤蛋的调料也是我亲手调制的，别家是吃不到这个味道的，脆嫩爽口，润而不腻。我曾经去过台湾，阿里山有一种出名的卤蛋，但尝过之后，觉得还没我做得好！”陈嬢嬢说起自己的手艺，滔滔不绝。

最后，我点了一份酸菜肉丝面，细嫩的里脊肉如银丝一般，整齐地铺满整个面碗，酸菜是久酿的酸菜，细夹一口面到嘴里，弹性十足而又不失软糯的面慢慢充溢着整个口腔，好不畅快。面条劲道，臊子喷香，我想这就是哆哆面吸引众多顾客的精髓所在吧！

大学生涯最爱的“金汤抄手面”

◎ 赵浩宇

再有几个月，我到重庆就整整四年了，我的学生时代也即将结束。当初离开家乡，父母取笑我说终于可以如愿以偿，不必再每天都吃面食。但他们一定想不到，来到重庆后，他们的儿子却时常以面果腹。

山西地处淮河以北，不满足水稻种植的区位条件，所以以种植小麦为主，而山西人也自然而然地以面食为主食。但我却从小自诩是个“非主流”山西人，最讨厌的食物便是面。可即便是在家中做惯了霸王，也该知道不是什么事情都能让父母迁就。吃，可是天大的事。

谁知，来到重庆，我却爱上了这里的面，尤其是在开始工作以后。

重庆与山西的面食制作颇有些差异，山西做面需要自己和面，不同的面有不同的和法，讲究面是否筋道，是否有面香。而重庆做面则有机器，面条易保存，做得也快，更注重调味料的口味。我是个喜辣的人，所以跟重庆的面，算是投缘。

住处附近，有一家面馆叫做“金汤抄手面”，没有精致的装修，没有漂亮灯光设计，甚至菜单上连一两个看起来特别一点的名字都没有。店主是一对年迈的夫妻，两人就如同这菜单和店面一样普通，只不过看起来感情颇佳。第一次到这家店时，也不过是因为时间太晚，急着填饱肚子。但也就是因为那么一次，这里却成为了我之后去得最多的面馆。牛肉、肥肠、豌杂、小面，这些最常见的种类，没有任何的花活儿噱头，可偏就是好吃，颇有些大巧若拙的味道在里面。

偶尔加班的时候，天气转冷的时候，想念家乡的时候，它总能让我有一点归属感。在没有亲人的异地他乡，没有一盏灯会为一个外地人亮起，但这家面馆，却一直不离不弃。在我的印象里，它似乎没有过一次，在风雨交加的夜里失约。

以前吃面的时候经常碰到一对年轻的情侣，看起来应该和我一样是应届生，我爱点番茄鸡蛋刀削或豌杂，他们一个喜欢牛肉一个喜欢酸菜肉丝，女生的碗里一般会多一只煎蛋。可最近再去的时候，来的都只有男生一个人，他的碗里也开始多出一只煎蛋。

最近一次天气回暖的那天，不巧面馆生意太好，男生去的时候已是门庭若市，见到我坐的桌子有空位便坐了下来。大概是见过太多次面，谁也没有太拘束，两个人便开始有一句没一句地聊了起来。我从头到尾都没有去问以前和他一起的女生去了哪里，他自己也没有提起过。萍水相逢，不过是一碗面的交情，现代社会的文明人应该知道保持距离是一种尊重和礼貌，而以我们两人的状况，也很难再有心力去了解一个只在面馆里有过几面之缘的陌生人。只是我想，他对于这家店的感觉、感情怕是再不会和以前一样了。

鼎锅中沸腾着岁月的味道

◎ 李明明

白象街是渝中的一条老街，当年很是繁华热闹。在这条老街上，一家开了多年的面店有一个独特的名字：老虎灶鼎锅面。

在一栋陈旧的老楼下，面店像是上了年纪的大叔，内敛、朴素。店面不大，七八平米的样子，但无论是招牌、店堂还是做面的人，都跟这栋老楼、这条老街完完全全地融为了一体。

“老虎灶鼎锅面”的招牌是水泥拼字，跟东边杂货铺、西边小药店的招牌没一点区别，压根就不显眼。

这样不露声色隐身在市井中的美食，大有一种藏龙卧虎的感觉。门口鼎锅的水不停地沸腾，老板向里头扔下早已团好的面条，再趁着煮面的工夫拿起碗麻溜地打起佐料。自家特制的麻酱、每天现炒的海椒油，以及花椒、盐，等等，一眨眼红绿麻灰地打了一碗，鲜亮的色彩一下勾起了人的食欲。

面条煮好，时鲜的蔬菜挑起碗里，一碗地道热辣的重庆小面就上了桌子。食客们拿起筷子将佐料和小面和好，定做的面条筋道爽滑，配上恰到好处的麻辣滋味，一碗普普通通的小面顿时牢牢地抓住了人的味蕾。

我最喜欢的是这碗小面醇厚的味道，像一朵平凡的花在缓慢地绽放，麻香、辣味、咸甜的感觉一点一滴地溢出，不动声色却让人回味无穷。

有一个江西人听说了重庆小面的名气，专门跑来拜师学艺，那人吃遍了重庆各大小面摊，最后选定拜师老虎灶鼎锅面。

老虎灶鼎锅面的老板是一位戴着眼镜的大叔，他很自豪地告诉我，所有的重庆小面里头，他们家的历史算是最悠久的了。

“我妈从七十年代开始就在这里卖小面，后来我们两口子下了岗，就接了她的班继续卖。记得那个时候，小面才八分一碗。”

老板指着店里一只收钱的木箱子说：“这只箱子，当初我妈妈就是抱着它在店里收钱，现在天天都有来吃面的客人给它拍照！”除了收钱的木箱，小店的位置、面的种类和滋味，三十多年来从未变过。

这倒是一件奇事。老板说：“别人做久了会卖点其他的，我们就卖小面，连小面的种类也只有那几种，从没变过。我们调制的麻酱，几十年都是这个味，老顾客都熟悉这味道，重庆有冒我们之名卖面的，人们一吃就能知道。”为了保持味道不走样，两人坚持不请人帮忙，不管面店已经如何有名了，现在依然事事自己动手。

“请了人味道就不对了。”老板娘说。

这个时代，一个有这样名气的面店不扩张、不开分店、不做改变，是一件无法想象的事。不管世事如何变迁，两夫妻只是实实在在地守着这一片小店，守着这一碗滋味如一的小面。我想，来这里吃面的人，吃的不仅仅是一碗味道儿“忠贞”的小面，更是岁月的味道。

变亦不变者，方得长情

◎ 一梦悟空

不记得在何处曾看过一篇网文，说若想得到一个人长久的爱，需要坚持不变，又需要不停地变。初看觉得矛盾，细品却也在理。人如此，面又何尝不是如此？一碗豆花面从我初尝至今已有六年，虽不是天天都去，但两三周如不来上一碗，馋虫准闹。想想原因，正是应了“变亦不变者，方得长情”的说法。

第一次吃吴记豆花面，我还是个学生，就住在面店所在的南湖社区。走进吴记完全是抱着新店尝鲜的心态。至今记得吴记给我的第一印象——店面不大，厨房就占了一半，算上摆在人行道的，一共就六张方桌。

一碗热气腾腾的豆花面端上来，碗里的不是豆花而是豆腐脑，仅比扩口面碗小一点的一大块躺在那里。周围一圈儿红油，豆腐脑上是香菇丁和肉丁做的杂酱，外加一点青菜、一点儿葱花和一点儿油酥豌豆。显得豆腐脑白润细腻。只不见面条，有点儿犹抱琵琶半遮面的意味儿。

当时老板见我脸生，亲自帮我拌面以做示范。左手勺，右手筷，从中间斜插进豆腐脑直至碗底，再一抬手，面条从豆腐脑里破“腐”而出。豆腐脑自然分成几块往旁边滑，再把中间的面条简单拌一下就可以了。老板还不忘叮嘱：“面要挂点汤吃，豆腐脑要和着汤喝，佐料都在汤里头。”

豆腐脑的滑嫩、杂酱的嚼头、豌豆的酥脆、面条的筋道，口感很丰富。为了这份口感，老板每天的豆腐脑都是当天点，卖完为止，豌豆也是当天酥，绝不过夜。至于味道的麻辣鲜香，秘制的辣椒似乎已经成了重庆面条成功的必备条件。各种佐料的比例由老板娘亲自把控，再忙也不假手他人。这些都是吴记这么多年来不曾改变的。

改变的是我已经走出了学校。工作几年，口味已然从小清新变成了重口味。吃饭一定无肉不欢，还必须得是大块儿才过瘾。于是就见识到了吴记的牛肉豆花面、肥肠豆花面和混合豆花面。

不仅仅是从字面上理解的豆花面里加点俏头那么简单。去掉了杂酱加入的牛肉和肥肠都是走的川辣路线，调料也做了调整。

相较于“标配”的杂酱豆花面，牛肉豆花面除了豆腐脑还是豆腐脑，大块儿的牛肉香辣入味儿，很能过大块儿吃肉的瘾。烧牛肉的原汤代替面汤冲进面里，面条浸了原汤，每一口的牛肉香味儿都很足。再加上更辣的调料，让整碗面变得霸气不少。热腾腾一碗香辣的牛肉豆花面能让人吃出一层薄汗来，酣畅淋漓。

肥肠豆花面又是截然不同的一番滋味。不同于牛肉的霸气，吴记的肥肠虽然也是川辣但味道要温和些。我喜欢他们家肥肠面的一重要原因是火候掌握得好。没有烧得太软烂，入味又有嚼头。多嚼几下，肥肠会有一股回甘的味道透出来，舒缓入口时候，辣椒对嘴巴的刺激很是舒服。也正是因为这股回甘，我才对肥肠的川辣记忆深刻。一碗面吃完，既过了吃辣的瘾又不会发燥，再加上豆花和肥肠在口感上的冲突，这个肥肠豆花面真让我迷恋了好一段时间。

后来老板又推出了混合面，牛肉、豌豆、杂酱、肥肠，等等。只要是招牌上写得有，你都可以点两样来混合。这种两两组合不单满足了我有时突发奇想的口味，也让一碗豆花面有了更多的可能。老板很用心，面调料不会千篇一律，而是会随着你点的内容而变。也不是每一碗必有豆花，牛肉面、肥肠面和混合面也可以单点。

我已经不记得这六年我在吴记到底吃了多少种面。只是感觉每次突发奇想的搭配带来的新鲜感总是让人忍不住想下次再尝试一些其他的搭配方式。不过吃了那么多种面，最爱的，点得最多的，还是那一碗一直不曾变过的基本版的豆花面。

面好何惧山再高

◎ 周斌媚

迎着早秋清晨六七点的光开车盘山而上，和草木香撞了个满怀，清风擦着车窗路过了我，旁边就是红彤彤的日出，往下看是山城在晨光里海市蜃楼般的错落有致。通往歌乐山的路清丽古朴又幽深旷达，翻过这座山，离那碗面，就近了。

山上的人可能是离天空更接近，心思才更加淳朴干净。就算二十年后再来，迎接故人的依然是这山间当初离开时的味道。

现在的立信职业学校原先是重庆市六十一中，学校对面有一座旧旧的小平房，门口停满了车，还有擦鞋的老人。难以想象，七点钟的歌乐山还沉浸在酣睡里，而这家面馆却在晨光熹微时就开始宾客如云。走进店里，说话的人很少，入耳是人们吃面时发出的“呼呼”声。水汽在昏黄的灯光里萦绕，飘向那老旧的房梁，再升腾向屋顶，从声音里就已经听得了这面的香。

“这家面馆已经开了二十多年了，原先就是在路边扯个棚子摆摊，供过路人吃。”周老头是吃着这面慢慢变老的，经过了时间检验的食物自是有它吸引人的理由。“门口这条路是老成渝线的必经之路，背后就是歌乐山正街，下面是渣滓洞和歌乐山森林公园。”处于当年的交通要道，郝氏乡村面馆是过路司机歇脚的好地方。“但自从大学城那边交通分流后，来往车辆就少多了，生意也清淡了一些，但也有过了十年还专门开车回来找我们吃面的客人。可这边路况有些变动，他们转了好多圈才找到我们。”老板说起那些当初匆匆路过后来跋山涉水回来找面吃的食客，言语间流淌过平静的满足。

一碗热腾腾的面在清晨端上餐桌，那是重庆人一天开始时普通得不能再普通的场景。只是你或许不能明白为什么有些人愿意守着大山过一辈子，却安然自得。吃大山里的食物，会有亲吻土地的芬芳，甚至吃配在里面的煎蛋时脑海中会浮现出母鸡咯咯叫着跑在山间的画面，一个根本不够回味，得两个，蛋黄不是超市里寡淡的颜色，红得像当天的日出，很香。

“最开始我们还有羊肉面和蹄花面的，现在没卖了。”生意渐渐归于平稳，老板审时度势，顺势而为，也不去强求什么，仅仅是做好手里这碗面，够一家人维持生计就好。他们不懂什么营销手段，只懂得老实本分地做这碗二十年不变的面条，让好东西说话，简单、粗放。

不谈山城隐居，因为它就生长在这里；不提匠人精神，因为老板只认为自己是山间农夫。最让我们怀念的并不是觥筹交错的法餐，而是外婆映着火光为你烤的一只土豆。大自然很神奇，不言不语，不假修饰，却总能勾起你最温情的回忆和万籁俱寂的怀念。

天微微亮了，路边的面馆又最先热闹起来……

从墙壁里端出来的小面

◎ 大冬

“吃不腻的火锅，吃不完的小面”，这是重庆人常说的一句言子。话是糙了些，但是这么个道理。

虽然我不是重庆人，但是在重庆生活的四五个年头以来，也深有体会。小面不小，小面文化已经渗透到老重庆人民的骨髓里去了。

如果你要问一个重庆人，小面到底好在哪里，他可能说不出来，但是每天不吃一口小面，总会觉得一天的生活不完整，这种感觉，和抽烟喝酒玩手机是一样的。十几年烟龄、酒龄的人，猛然间让其一天不抽烟、不喝酒，该是多么痛苦的事，而对于吃小面有“瘾”的人来说，戒小面的痛苦比戒烟戒酒有过之而无不及。我与重庆之间千丝万缕的联系，也是从小面开始的……有些事刻骨铭心，有些人难以释怀，一路走来，告别一段段往事，走过一段段风景。路在延伸，风景在变，唯一不变的就是向前走的心和那碗小面。

我是一个爱吃面的西北人，西北的面像极了西北人的性格，粗大、刚猛、直白、直接，最重要的一点是西北的面吃到肚子里面很扎实，管饱。所以刚来重庆的我，对于重庆的小面是相当排斥的，只因为小面和西北的面一比，仿佛西北的面就是擎天柱，而小面则是罗汉竹，不足挂齿。

但是那日，朋友为我推荐的一碗面，才彻底刷新了我对小面的看法。

去朋友家已是黄昏时分，朋友爱去茶馆喝茶，爱吃小面，对我这样一个来重庆不久的小伙子来说，觉得很不可思议，随即他先领我去了那家他常去的茶馆，交通茶馆。

交通茶馆的隐秘程度是难以形容的。拐弯抹角才在一个十分不起眼的小角落找到了它。一进门，那种原始的气息就扑面而来，打牌的，下棋的，喝茶的，摆龙门阵的，很难想象，在重庆这种以“时尚，潮流，前卫”为标榜的城市会有这样的场景。找到了一个位置落座，瞬间觉得自己的心在这“闹热”的环境里静了下来，因为这才是重庆最原始的生活，单是这些桌椅板凳都比我与朋友年长，近30年的历史积淀，赋予了这个地方一种独特的景观。

点了一杯茶静坐，朋友说，是时候吃面了，便领着我径直朝一面墙走过去，墙面上有一个一尺见方的窗口，我以为这只是一个点餐的窗口，但是我错了。这个窗口里面，就是一家面馆，或者可以说，这是一家镶嵌在墙壁上的面馆。不足两米长的过道窄得仅容一人转身，里面的阿姨却在这不足两平方米的天地里“闪转腾挪”，身手甚是矫健。我伸长了脖子往里面瞧去，大大小小十几个瓶瓶罐罐整整齐齐地码放在这逼仄的空间里，不知道的人，会以为这只是一个调料储物间。

不一会儿，面从窗口端出来，我的三两干溜小面好了，味道很是地道。吃了几口面，朋友对我说，其实，这才是真正的重庆味道，因为吃面的环境是地道的，做面的人是厚道的，所以这碗面所代表的就是重庆人的生活。

吃完面，我看着这里的景象，还有那个镶嵌在墙里的迷你面馆，细细体会过后，有种说不出来的感觉。坐在这看似喧闹的交通茶馆里，再看看墙壁上的那家面馆，心里多了一份敬畏，对小面的敬畏，和对生活的敬畏。

或许我错了，一开始就不应该拿两地的面作比较，因为压根就没有可比性。小面，是重庆人生活的一部分，涵盖了太多太多的东西，袍哥文化、码头文化、巴渝文化，每一样都能让人陷入深思。

有人这么说过：“一碗小面，二两刚好，三种味道，四方来要，五张凳子，六个人吃，七种调料，八勺辣椒。”这已经说明了一切。

精心做好的水面稍微烫煮过后，放在早已备好十几种料的碗里，搅拌均匀就可以吃了。小面看似简约，但是绝对不简单。

这碗小面里，我吃到了许多东西，既有山城人民对待生活的细致态度，也有对生活的热爱。低头，看着面，我想了很多，无疑，这顿小面才是我重庆生活真正的开始。

加蛋不加葱花

◎ 徐明

“哟，弟娃来了哦，今天吃啥子？”

“小面，加蛋。”

“二两小面加蛋，不要葱花。”

这简单的三句话，便是我进小陈面馆之后的对白。我算是半个念旧的人，对于熟悉的东西，总不喜欢去改变。这在吃东西上面，表现得尤其明显。

在重庆，不熟悉点面食，就仿佛不是正宗的重庆人，就像外地人说起重庆就知道它叫雾都，并且知道重庆火锅一样。或许，外地人是因为《舌尖上的中国》第二部才知道的重庆小面，而作为土生土长的重庆人，我自小就对小面有着特别熟悉的感觉。

不同于面食众多的北方，身处西南的重庆，能让小面在饮食上占据一席之地，多半是因为重庆的小面是作为早餐而存在。在以前读书期间，为了多睡会懒觉，早上多是煮一碗小面用餐盒打包带进学校吃。在中午和同学一起不知道吃什么时，第一反应就是：吃小面吧。要是夏天，尤其是月末囊中羞涩之际，稀饭凉面更是成为了首选。这就是作为重庆人的小面情结。

现在之所以喜欢去小陈面馆，这便是其中的一个缘由。此外，我是店里常客，老板熟知我常点面食的分量，面条煮的软硬程度，以及——不要葱花。对于我来说，这家面馆拥有熟悉的感觉。

小陈面馆不大，也符合了招牌的“小”字，身处于闹市的边缘，就在我居住的小区下面。这里的一排门市里，唯独它一家卖吃食。面馆里面的装修较为寻常，却在寻常里有别样的风味。摆脱了一般小店的油腻，这里的木质桌椅擦拭得相当干净，简单的几张桌子，摆放得很是规矩。当别人的饭店里贴着小心地滑的提示时，它却在显眼的位置挂上了几幅放大的照片。是的，照片，就是照片。提起这些照片，自然是跟老板分不开的，因为这些都是他自己拍的。

老板姓陈，年轻时喜欢游山玩水，见识祖国的大好河山。我问他，为什么后来就静下心来开这个面馆了呢？老板透过面汤的白色雾气对我笑笑，说："用你们现在的话说，当年也还没有浪够。只是后来我妈看我不小了，就叫我回来相亲，结果一相就成了。成家立业嘛，有了家，就该立业了，男人要有责任感嘛。"

之后，没有太多特长的陈老板打起了做早餐卖小面的主意。最开始他推着小车卖面条，到后来有了些忠实"粉丝"之后，干脆就开起了面馆，全天候营业。开面馆也从最初的立业，变成了展示手艺的快乐事情。

至今开面馆已有十多年经验的陈老板，在煮小面的功底上甚是深厚。面食以香脆的炒花生、白芝麻和带着咸味的芽菜为配料；挑上热气腾腾的面条，配以香浓的汤汁，最后再在上面轻轻盖上另加的煎蛋，一碗地道的重庆小面就呈现在了面前。只需用筷子顺着碗沿一搅，满满的"干货"就被送进了嘴里，只一瞬间，热气就在口腔里徜徉，芝麻在唇齿间留香。

小面里所放的菜叶，根据不同季节所产的蔬菜而定。夏天是空心菜居多，冬天则是莴笋和小白菜。一碗小面里放着的青葱菜叶，是用清汤煮过后，再放进调和好的面汤里，分分钟入味，脆嫩的菜心尚带着丝丝甜意。

而且，小陈面馆的煎蛋也是一个特色，外层煎得焦黄。在面汤里浸泡之后，外层沾上辣椒和佐料，和菜叶的青绿与小面的素白形成色差，更添食欲。轻咬一口，内里糊状的蛋黄就留于嘴里，香浓异常。

当然了，吃面不能不喝汤，就个人来说，尤其喜欢在吃了几口面之后喝汤。若在吃面前喝汤，太烫，无心品尝；在最后喝，胃又已填饱，不能体会其中的滋味。因此，在此时喝汤，腹中仍是空空，喝下几口热汤，便是从口温暖到胃。而且，若是时间太长，面在汤里泡得很软，不复筋道。芽菜也会把咸味全透出来，那汤就没有菜叶的鲜味和原汤的香浓。

吃完小面，用筷子捞干净碗底的花生，摸着吃圆的肚子，看着只剩汤底的碗，甚是有成就感。

一碗深藏功与名的杂酱面

◎ 猫跟你

我是一个“路痴”，常常因此多走很多冤枉路、遇到很多麻烦事，但也因此常常遇到一些意想不到的惊喜，比如今天要说的这碗杂酱面。

和往常无数次一样，那天的我又在路上犯迷糊，一出轨道交通站就找不着北，在街道与高楼间来回穿梭，期待着看到眼熟的景物。

长时间走路的疲惫加上来自中午十二点的胃的催促，我无奈地停下来看了看四周，虽然对我来说依然陌生，但是抬头间一个招牌叫“来二两”的面馆，却引起了我的兴趣。鬼使神差地，我走了进去。

人不算多，我进去挑了个居中的位置坐下，环顾四周，店面挺大，干净敞亮，以大门为准，两列桌椅整齐排列，除墙上挂了几幅字画，再无特点。

“妹儿，吃个什么面?”被服务员大姐响亮的声音拉回视线。

我随口答曰：“来二两杂酱吧。”

“好的，稍等。”

面很快端上来了，第一眼看到的时候其实是想说为什么面碗看起来有些小，隐隐担心会不会吃不饱。但好在面条看上去卖相极好，颗颗分明的杂酱在面条表面铺开，青菜叶子的翠绿若隐若现……忍住了抱怨，我扒拉扒拉想把面和匀，呦呵，这面不少啊，上宽下窄的面碗把分量都藏了起来。我瞬间一扫之前的不满，使劲一筷子将面条翻转，彻底露出了碗底的青菜。

我吞咽了一口在搅拌面时被香气所“勾引”出的口水，便迫不及待地将一筷子面条送进嘴里。“嗯？我是真的饿极了吗，为什么觉得这个面条这么好吃？”当下那一刻，我的脑子里除了告诉自己慢点吃，真的没有其他想法了。

风卷残云似的，一碗面马上就没了，满足地边擦嘴边与服务员大姐聊起天来。

“你们家杂酱面好好吃哟。”

“是呀，来我们这儿吃面的没有说杂酱面不好吃的。”服务员大姐毫不“谦虚”。

这么有意思？看来这碗杂酱面不简单。

果然，细聊之下我得知这家面馆是个已经开了六七年的老店了。之所以取名“来二两”是因为重庆人一进面馆就会习惯性地说“老板，来二两××”。是不是听起来有些随便？不过吃小面要的就是这份随和与接地气。老店本来只卖小面和杂酱面，生意一直很红火，做了四年多以后由于城市建设等原因，面馆搬迁，如今新店也已经经营了三年多，虽然新店不“新”，但规矩更新了。现在除了小面和杂酱面，抄手和米线也可以在这里吃到了。不过据服务员大姐说，来吃面的还是吃杂酱面的居多。

为什么这碗杂酱面这么好吃？厨房大哥热情地打开冰箱，指着里头包饺子的馅料说：“关键是我们的肉好啊。制作杂酱的肉都是买的12元钱一斤的好猪肉，绝不使用边角料。”

原来如此，所谓好味道不过就是真材实料的诚心诚意而已。

正当我要准备走时，无意间瞥见门口那幅字，上面还有书法家的印章。“来二两。”我念出了声。

原来，我一开始进店匆匆扫了一眼的字画可都来头不小。还有一幅就挂在我头顶上方的画，据说也是某位画家所赠。不由得感叹，原来这无意间闯入的面馆就是一间吃面的“名店”啊。

我带着些许庆幸对朋友说：“这算是路痴的因祸得福吗？”

“是的。”朋友回答。

在他乡还好吗？我的小面女孩儿们

◎ 莉莉周

房间里昏黄的灯光下，三两只嗡嗡的小飞蛾叨扰了烦琐的思绪，手中的笔犹豫中写下了“重庆与小面”这几个字，心情未免有些落寞。明日，即将与这座生活了五年的城市离别，心里还是有一种复杂的滋味。有趣的是，这种滋味与山城特色小面相似，时而麻辣刺激，时而香浓绵延。

因为一碗别具一格的小面，让六个分别来自湖南、山东、四川和重庆的女孩儿们相聚到了如火一般热情的山城。我和她们是大学同学，我们相熟源于都喜欢吃重庆小面。记得那时候的女孩儿们像极了小面的随性，自然天真；像极了小面的直率，热情友善；像极了小面的色彩，麻辣鲜香。成为闺蜜后，我们的暗号便是：“走！”简单的一个字，表达的意思就是：“吃小面去！”

我们常去的那家面摊，在大学后门的一条偏僻小道内，没有名字。老板是一位年过七旬的老者，听口音不像是重庆本地人，我们叫他王叔。去的次数多了，也就熟络了，每次去他都能清楚地说出我们六个人的喜好。后来在交谈中，我们知道了他和小面的故事。王叔二十多岁的时候爱上了一位美丽的山城姑娘，为了爱情他放弃了原本稳定的生活，毅然来到了这座陌生的城市。五十年时间让他俨然化身为重庆人。而为何经营面馆？还是缘于喜爱吃面的爱人。其实他不爱吃小面，不过在老伴过世后，为了怀念老伴，便开起了这家面摊，将爱意都煮成了这一碗碗小面，在煮面的时候能够想起老伴每次吃面的笑容，成为他最大的满足。当时我们一致认为，这就是最美的爱情，并许诺自己也要找到这样的爱情。

如今毕业近一年，我们六个人也散落各地。因为工作的压力，大家渐渐忽略了最朴实、最简单的情感表达。在离开这座城市前，我在微信群里发一句："走!"大家一致回复"吃小面去!"

我们带着期盼回到王叔的面摊，几个当年的学生一边吃着小面，一边玩笑打趣。那一次，那样一碗面，勾起了太多青春的记忆，以及当初懵懂的相遇。我们曾因语言、性格不同而争吵、流泪，而在欢笑中学会了谅解、忍让、成长。最终我们像一碗辣椒与青菜交融的小面一样，百般滋味萦绕于怀，久久不能散去。六个女孩子围坐在面店，吃着简单的面，谈着趣闻乐事。笑声弥漫了偌大的街道，这一切都那么熟悉，仿似昨昔。记得那时候白烟袅绕的蒸汽下掩映着一张淳朴的脸庞，两只手操持着细长的筷子娴熟地把玩着短暂而美妙的舞蹈，期许着顾客的青睐，显得格外调皮可爱。一碗热腾腾的小面静放在我面前，鲜红的辣椒和新鲜的青菜随意地镶嵌在碗里煞是好看！似乎这一碗小面与五年前的邂逅一模一样，还是熟悉的样子，只是王叔好像又老了。

离别，不等于情感的中止，而只是为了下一次相聚的开始。于是我们有了新暗号："面由心生!"

当豆花邂逅小面——巴适

◎ 牛陷冰

重庆小面有很多种，豆花面是其中一种；而闻名重庆的豆花面有很多家，却仅有一家与众不同。

这是一家洋溢着浓浓文艺气息的小面馆，取了一个通俗易懂的名字：盅盅先生（的豆花面）。

面馆开业仅三个多月，就已经做到了令那些十年二十年的老字号面馆惊诧不已的业绩：从第三天开始，每天卖掉的面条都保持在两百斤左右；从早到晚，面馆门口排队“打拥堂”。

面馆在食客们的朋友圈里流传，迅速成为人们津津乐道的“小面网红”，无论男女老幼，食客们总是在等待面条上桌时各处拍照，面条上桌后再拍几张，精挑细选出九张照片，凑成“九宫格”发朋友圈，打个免费广告，然后才开始在温馨的花香与书香之中“呼呼”大吃。

而这一切，都在老板余铃先生的预料之中。

更令业界诸君惊诧不已的是，帅气的余铃先生，竟是一位毫无餐饮从业经历与经验的小年轻！

何以如此？怎么做到的？面对笔者的疑问，余老板说出了三个关键词：跨界“打劫”、付出、细节。

跨界“打劫”，自然不是真的打劫，而是把门槛稍低的“重庆小面”和文化品味相结合。多年前，有人独具匠心地开创了一道“豆花面”，余铃经过一番考察，发现涪陵餐饮市场上经营“豆花面”的餐馆极少，而且都是粗放经营。他的思路豁然开朗：一家开在家门口有调调的面馆。

余铃的足迹遍及重庆、四川、云南、贵州等地，他去各地考察学习小面的经营之道。余铃找到了涪陵豆花面当年最有影响力的经营者，花三个多月的时间去他主城的豆花面馆打工，配调料、打调料、煮面、挑面、收碗、洗碗、收银，他干遍了所有环节。就这样，白天上不拿工资的班，晚上就在电脑上写日记记录心得体会，他掌握了经营小面馆的所有细节。

此时，距离一家面馆的面世，还有相当长的时间。

回到涪陵后，余铃请来设计师，一起着手面馆 LOGO 设计、店面选择、装修设计、用具（搪瓷盅盅）的选择、鲜花书籍的选择、老照片的淘选等，准备时间竟长达两年！

余铃说，小小的面馆需要的不仅仅是情怀，还蕴含着现代企业管理的顶层设计之道。只有做好了顶层设计，才能做到标准化、规范化，从而保证将细节做到极致，保证面馆一炮而红。

人们享受到的不只是一道小小的面食，一种情怀，还有一份环境的温馨优雅。小店主打怀旧，隐约的工业设计风背后温馨弥漫，墙上贴满了老照片，涪陵人记忆里的一栋建筑、一口水井、一个背影，在这里复活；每一张桌子上，放置着一束鲜花，排列整齐的书籍则随处安放，下午空闲时分，来这里吃面、喝豆浆、看书已经成为很多当地年轻人的选择。

有食客送了一首打油诗给“盅盅先生”：“书香面香聚芳，鲜花豆花争俏。食材上乘为佳，以味制胜正道。”

“面是……”有酒、有歌、有儿时的味道

◎ 郝赢

重庆很多面馆都有一个“怪癖”：每天清晨营业，面卖完就收摊，食客要吃，趁早。这种情形下，凌晨还在营业的面馆，对于“夜猫子”来说就如同深夜里的一座灯塔，如果那里所提供的不仅是面，还有更多可能性，食客们则一定会奉其为“圣地”。“面是……”就是这样一家面馆。

初次来这里，我满怀欣喜：工业 LOFT 风格的装修，有面，有小吃，有音乐，有驻唱，有酒水，说是面馆，更似一间酒吧，楼上楼下共五十来张桌子坐满了食客。可当所点的一碗“辣子鸡面”端到面前时，说实话，那一刻我想直接掀桌子走人。为什么？偌大的“鸡公碗”（周星驰的电影及诸多港台电影中经常露面的那只碗，广东和福建等地人们家中也多备有，又叫“起家碗”，有发达致富的寓意），面和料仅仅装了不到一半，看上去连二两都不到的分量，价格却要 18 元。

我按捺不住自己的不满，招了招手，叫来老板：“你这面怕是卖得有点贵哦？”老板脾气倒好，带我来到开放式厨房旁：“兄弟，我们每一碗都要过秤，粗面一碗四两，细面一碗三两，分量上不做假。”在监督下，他现场煮了一碗，成品确实与端给我的一样。我继续坐回桌前，开始一通狼吞虎咽，面是特制，扎实，口感类似北方拉面，比普通面馆面碗大一倍以上的“鸡公碗”则可以让人更好地将佐料与面和匀。结果是，饭量大如我，竟没有吃完！此后我就成了这里的常客。

“面是……”每天中午开门营业，直到凌晨食客走光关门，老板

五位，年龄都不大，从事的职业各不相同。春节前夕，某次前来吃面时，老板之一的谌彪拎了瓶希腊进口可乐给我讲述了他们的故事和面馆名字的含义。

谌彪与唐方鹏是多年好友。2015 年 5 月的一个夜晚，两人喝酒时突然萌生出开一家面馆的念头，于是约定酒醒后电话联系。第二天，当谌彪以为兄弟伙所说的只是酒后醉话时，却真的接到了唐方鹏的电话。自那一天起，他们加上另外三位志同道合的朋友，面馆的筹备工作正式开始。面馆虽小，但创业艰辛，五个从未进过厨房做过饭的大男人，经历了大半年时间才确定了如店铺选址、菜品、口味等事情。面馆内目前有六款面：小面、姜鸭面、辣子鸡面、泡椒豇豆牛肉面、番茄牛腩面、卤肉面。想起筹备阶段众人前往各个面馆试吃学习时的场景，谌彪笑了："那段时间真是吃面都要吃吐，每天连续尝五六家，最多的时候一个中午吃了三家面。"

不过，说是学习，最后面的口味却与众不同，老板"森森"说他们推出的是"儿时回忆中的味道"。如一碗"泡椒豇豆牛肉面"，灵感来源是他母亲所做的面，儿时每当有剩下的菜，第二天，母亲就会以此为浇头，煮一碗面混进去，家常味道，却令人记忆深刻。"森森"自己还有家名为"森爷厨房"的淘宝店，专卖重庆风味特色小吃，其中一道"辣子鸡"月销上千份，面馆内招牌之一辣子鸡面就是以此为浇头。

谈到面馆的名字，谌彪指了指玻璃门上贴的字："我们想赋予'面'新的定义，但这个定义交给食客来想，因此，在'面是'后有一个省略号。可以说'面是精细造作生活的平凡和新奇'，抑或者'面就是面'。"正是如此，他们为面馆增加了多样的元素，比如每周四、五、六有知名歌手"六弦"来驻唱，比如有在其他酒吧也不一定喝得到的进口酒水，比如有咬一口会"爆浆"的猪肉韭菜馅儿饺子……小小的饺子也不简单，做法由一位陈姓厨师传授，他的姐姐则在中南海的宴会厅工作。

最后再告诉你们一个秘密：面馆一楼墙上有一圈手绘，最醒目的是五个人物画像，其中四位都是以面馆老板为原型所绘。

日本夫妇钟情重庆小面

◎ 项杰欣

重庆，无论是犄角旮旯还是繁华街道都充斥着小面的影子，但能在其中找到一家让自己执着并热爱的面馆却是一件极其不易之事。作为一个“面痴”，我对小面的专一有时候连自己都觉得吃惊。几年前，我曾经疯狂地爱上了一家麻辣面馆的小面，几乎每天晚上都会去那里和小面来一场轰轰烈烈的“约会”。我经常会点二两（有时候是三两），还要跟老板强调，味道要放重一点。直到那一碗佐料丰富、鲜香麻辣的小面下肚，填满了整个胃，我才舍得离去。

如今，那家面馆已经搬走，但味道却深刻地烙在我的记忆中。我以为不会再遇见这样的一家面馆，能再次点燃我对小面的热情，重拾对小面的那份特殊情结。直到一年前的某一天，朋友向我提起一家“王老头小面”。朋友讲，这家面馆不仅味道很赞，而且一对日本夫妇还拜面馆老板为师，每天都会来到面馆认真学习老板的手艺。听完以后，我倒有点想一睹这家面馆的“庐山真面目”了。

去“王老头小面”是在第二天的下午。当时正值六月，酷热的天气使倦意不断冲击着我每一根疲软的神经。所幸我那个时候还住在川外，距离面馆不是太远。下个山，过条马路，再走几分钟，就看到了面馆外棚上的店名——“王老头小面”。

还未踏进面馆，在距离十多米的地方，小面独有的香气已经挡也挡不住地飘出门外，萦绕在鼻尖，这让我之前倦怠的感觉消退了一半。我在面馆前找了个稍微凉快点儿的位置坐下，因朋友的极力推荐，我半好奇半期待地点了一碗特色干杂面。

等待美食的过程既煎熬又幸福，如同等待即将和你一同约会的恋人，又如同等待一封甜蜜的回信。待那一碗融入了真情和等候的干杂面呈到面前时，浓厚的佐料香气就已经让我嘴里的“哈喇子”不停打转了。不仅如此，以往吃过的杂酱一般都是细碎的肉末制成，而“王老头小面”的杂酱则是将切好的肉丁与配好的辅料一起翻炒，肉香再加炸好的花生、芝麻以及油香，其口味比一般杂酱或者干溜香了不知多少倍。我迫不及待地拿起筷子，将杂酱与面条拌匀，拌好后的干杂面色泽鲜艳、酱香扑鼻、散酥不黏。我夹起一大口面就往嘴里送，当舌头触碰到面条的一瞬间，幸福感爆棚；浓郁的佐料香与筋道的面条完美结合，似乎每一根面条都将酱料的香味吸引进去；每一口都能感受到酱料和着面在嘴里不停翻滚、绵延的美妙滋味。

享用完这碗干杂面后，豆大的汗珠不断从我的额头和脸颊滑落，但我却并不觉得心烦，取而代之的是一种与鲜香麻辣的干杂面大战之后的酣畅淋漓之感。

此刻，回忆起二毛老师曾在《味的道》中写到关于佐料的重要性：“厨者之佐料，如妇人之衣服首饰也。虽有天资，虽善涂抹，而敝衣褴褛，西子亦难以为容。”这句话同样可以放进“王老头小面”的小面里。小面虽小，可佐料的功劳大于天，做面人的用心大于天。我想，这也正是“王老头小面”能吸引那对日本夫妇不辞辛劳，前去拜师学艺的原因吧。

我还想和你一起吃小面

◎ 马冬

若按照往常，早起，吃一碗三两干溜加煎蛋的小面就能开始一天的工作了。可是今天的面，吃起来总觉得没有味道。不是因为面里的“天翻地覆辣”和“清水通窍麻”不够劲儿，而是盛面的人走了，一起吃面的人，也都离开了重庆，去往天南海北，各奔前程。留下的，只是食堂拐角的小面馆里，零零落落的桌椅和冰冷的锅灶。

还记得我们曾经，肩并肩一起走过，那段繁华的“男人街”巷口，尽管你我当时只是陌生人也是过路人，但是四年的生活里，你带给我的是一种意想不到的快乐，好像是一场梦境，也好像是命中注定。歌唱不出原来的味道，面也没有了原来的味道。

“阿姨，来碗面！”

“还是老样子哈？多辣多麻，少蒜少葱花。耶，你们一起的那些同学哪个没来吃耶？”

很复杂，心里或是忧伤，或是感慨，或是欣慰，或是悲凉。一食堂的小面馆，地方不大，一张台案，摆满了十几种各色的调料。食堂阿姨每往里面放一种调料，都能刺激到刚下课的我们流涎的内心。吃饭的人多，阿姨能记得住每个人的口味，谁能吃辣，谁不喜欢葱花，谁少油多麻，谁饭量大。同一个锅里煮出来的面，却能满足不同人的口味。阿姨常说，你们就像自己的娃儿一样，长大了，学习帮不上，工作帮不上，知道你们爱吃面，只是让你们吃好，吃得舒心。每天看着你们精精神神的，我心里也舒服。

下课，跑得最快的哥们，第一个去食堂占座，一张桌子，一个人，手里面捏着五六双筷子，边看着锅里的面流口水，边看着食堂门口，一会儿，大部队就来了。纷纷端过来属于自己的那碗面，抄起筷子就把面往嘴里塞。那面有粗有细，那料有红有绿，那碗有大有小，吃相有缓有急。冬夏往复，五六人结伙，在食堂里小面馆的桌子上，吃出了一片天地。

来重庆求学，第一口重庆吃食就是小面。和兰州拉面、北京炸酱面、陕西油泼面相比，小面没有那么粗壮刚猛，倒是细腻。配好调料，煮了面条，这一碗勾魂的小面也就完成了。这一碗小面里，装着重庆人对生活的热爱和对人生的感悟。每次吃面，作为外地人，也能切实地体会到那碗小面里的喜乐悲欢。每次和四面八方的同学吃同一种食物，聊着各自的家乡，也是生活里必不可少的一部分。小面似乎比较廉价，也没有什么档次。但是我们在这碗小面里找到了一种难以言表的温暖，不仅仅是因为小面里的火辣，还有人情。

转眼，要毕业了，一直不想去面对这个问题，但是，该来的，还是来了。答辩，聚会，打包，滚蛋，走人。什么都能带走，就是这碗小面带不走。要说选一件大学四年里最有意义的东西，那么只有小面了。它廉价，它低端，它见证了我们在重庆学习生活的每一个时光。不想分开，不代表不会分开。

长长的路我们慢慢地走，深深的话我们慢慢地叙，倘若有一天，在远方，碰见一家小面店，那么就进去吃一碗，说不定，一抬头，对面就能看见熟悉的同学的面孔。

桥北第一面的独门武器

◎ 石凡羲

记得两年前的一个夏天，我去婆婆家探望，中午的时候婆婆钻进了厨房，不到一会儿就招呼我赶紧去吃面，多年以来这已经成为我和婆婆之间的默契。婆婆还必然把我当成她记忆中那个一直长不大的孩子，午食还必然是那一碗面。

不过待我坐上桌，却发现面跟往常的不太一样，在家乡那个小县城里，吃的从来都是用臊子做的汤面，而摆在我面前的却是一碗干溜的裹满佐料的杂酱面。我一边动筷一边打趣地问婆婆："咦？婆婆，您又从哪学会的新招呀？做得这么好吃，我记得这街上没有卖杂酱面的啊？"婆婆听完，笑着对我说："这可不是我学的新招，这杂酱是你叔叔特意从主城华新街一家面馆里买回来的，具体什么名字我也记不清了，我只不过是把面煮熟而已。怎么样？好吃吧？"我忙不迭地点头。

后来到主城工作，时常从同事朋友嘴里听到"桥北第一面"的大名，据说这家面馆还上过各种电视栏目，在网上一搜地址——轨道交通三号线华新街站附近的一栋居民楼里，离自己住的地方只有三站的距离。

一路摸索过去，从华新街站二号口出来后，穿过一条逼仄的楼道口，我轻松地找到了这家面馆的位置，醒目的 LED 灯牌不停歇地滚动展示着广告文字。店面不大，只能放下五张小条桌。旁边是煮面的厨房，各式各样的佐料挤挤挨挨地摆放成一堆，墙壁上贴着价目表和各种宣传，各种荣誉奖状端端正正地粘贴在墙上显眼处，虽然略显破旧，但也彰显了“第一面”的霸气和年代感。

店里的面比其他面馆稍微贵几块，我当时心里寻思，这么贵，看来老板对自家的味道有着绝对的自信。留着长发的老板就像江湖中人一样，看我似乎是第一次来，便热心地推荐店里的招牌——酱裹杂酱面。据老板介绍，这杂酱是他的“独门武器”，经过很多次失败和反复的研究，最后才终于成功调制出了最特别最满意的口感，并靠此打出了名声，吸引了众多“好吃狗”。莫非这就是几年前在婆婆家里吃到的那碗杂酱面吗？带着这样的疑惑，我欣然接受了老板的提议。

面很快上桌，满满一大碗，用筷子搅拌均匀，隐藏在碗底的杂酱顿时显露出来，牢牢地附着在每一根面条上。原本朴素的一碗面顿时流光溢彩起来，展示出别样的生命力。迫不及待地入口一尝，错不了，跟记忆中的味道一模一样。虽是微辣，但辣得我“滋滋”叫唤，却仍停不下嘴。杂酱里的花生碎颗粒很大，芝麻味道浓郁，同时还透着小米椒的辛辣。老板在一旁介绍说：“一定要边吃边搅拌，让每一口面都有酱裹着，这样才能吃出这碗面的精髓。”

桥北第一面，隐于大桥下，藏在旧楼中。夫妻二人，知青下乡，招工回城，下岗下海，最后开了面馆。从最初的路边摊到现在的小面馆，20 年时光匆匆而过。自己的故事和自家的面条，由头发花白的老板声调平和娓娓道来。大桥下面，嘉陵江水一去不复返，人生的滋味却都沉淀在浓郁的酱汁之中，也许这就是这家藏身于市井陋巷的小面馆名声在外的秘诀吧。

离开的时候，我特意买了几包杂酱，周末回家，定要捎回去给婆婆尝一尝。

麻辣无情面有情

◎ 祝朵红

面馆开在车站，会有两个极端，要么生意火热，要么清淡无人。因为有现成的交通工具，人们可以选择停下来，或是启程下一站。所以车站的面馆想要留住来往的人，必须有自家的“法宝”。

在歇台子公交站，赫然矗立着一家招牌用小篆字体刻写，名曰“麻辣无情小面馆”的小店，它算不上高档，却足够“小而美”。这家店夺人眼球的不是招牌，而是座无虚席的生意，我就是如此“鬼使神差”般地走进了这场“麻辣陷阱”中。

那天我点了一碗麻辣小面。说实话，尽管有豌豆面、牛肉面等，我还是钟情于小面，就如同方便面，几十种新口味还是赶不上你第一次吃的红烧牛肉面，新的不一定是最好的，在吃面这一点上的确如此。

等面上桌的间隙，我忍不住偷偷跑去后厨，原是想催一催煮面的师傅让他加快手脚，却被他不紧不慢、有条不紊的节奏给吸引住了，只见师傅先往锅里丢了一把水面后，接着放了一点儿青菜，趁面还未煮好的时候，利落地开始打佐料。正宗的重庆小面对佐料是很讲究的，辣椒、花椒、大蒜水、花生米、芝麻油、芽菜、咸菜……一共要放十余种配料。据说辣椒要当天用完，以保持其鲜味。最后，师傅把面从锅里捞起来，我远远就闻到小面独特的香味渐渐飘来。上桌后，我倒没那么急切地想一尝为快，心里盘算着一碗分量不算充实，卖相不算精彩的小面，怎么能有这么多人喜欢？带着疑问我动筷开吃，小面先麻后辣、先酥后软，菜新鲜明丽、青翠欲滴，中间夹杂着芽菜、榨菜，令人觉得嚼劲十足，“哗啦啦”三下五除二我就把它解决了。一碗小面下肚，浑身暖暖的，嘴和胃却像刚放过烟花的星空，还回旋着满满的麻辣“硝烟味”。我想这就是一碗小面带来的刺激与惊喜，也正是这家店招来大群“粉丝”的原因。

这面馆说是叫“麻辣无情”，可小面麻与辣的韵味却从来都不是无情的。记得从前看过孟非的传记《随遇而安》，里面有这样的叙述：“重庆最让我魂牵梦萦的不是川菜，也不是火锅，而是路边摊上的小面和凉面。前几年回重庆，我出去逛街或者上亲戚家串门儿，回外婆家的路上是一路走着一路吃着路边的凉面回去。”老实说，我当时看到这儿的时候，真是恨不得马上从书店冲出去，随便在哪个路边摊点上一碗小面或凉面，让嘴巴和肚子解解馋。

有时候总会有这样的感慨：人生如寄，光阴似缕。这世间唯有感情叫人难以割舍，所以我们应该从心所欲、活在当下，好好珍惜。就像吃一碗麻辣小面，你可以在饥肠辘辘时点一碗小面，告诉老板：少汤多面；也可以在毫无饥饿感时点一碗小面，告诉老板：少面多菜；还可以在肚子很饱而别人又吃得很欢时，点一碗小面，只因为它实在足够刺激你的味蕾。

每个重庆美女都与小面有故事

◎ 李清然

自读了李海洲先生的《面对面的想念》，对小面的爱便燃烧得更加热烈。每一次吃面的时候，都会想起那一句“舟行水上，而面条在铺满红油的青碗里过江”，真是把一碗色香味俱全的小面写得活灵活现又极具重庆山水江湖特色。

我与小面结缘，和每个重庆人一样，无须刻意，它就嵌入了日常生活里。

家在白马凼，是一条细窄的缓坡巷子，“四哥面”在不远被行道树遮蔽的低矮处。第一次来，还是父亲的推荐：“我带你去一家吃小面的地方。他们的干溜很有特色。”父亲喜欢吃干溜，我还是偏爱汤宽的类型。

煮面和调料的阿姨都是正宗的“重庆阿姨”，丰满的身体，圆润的脸庞，一条红或白色的围裙在腰间，偶尔一把零钱握在手上，还会大着嗓门亲切地问：“妹儿，要不要海椒?”然后低头自言自语：“哦，这个妹儿一直吃得很辣的嘛。”这家“四哥面”是老面馆，三四张桌子、一个煮面筒，知晓我口味的阿姨和一碗飘着热气的面和我一起生活了二十年。

在重庆冬日难得的一个暖阳天，我终于踏上了寻觅传说中“板凳面”的“征程”。“板凳面”这三个字对于每一个热爱小面的吃货来说都不会陌生。在重庆各种官方或非官方的小面排行榜上，少不了它的一席之地。央视、《人民日报》等媒体也都对它有过报道。单从荧幕里看到它，就已经勾起了我的食欲，只想抱着搪瓷碗“一亲芳泽”。

下车后我还是依旧晕头转向，找不到对的路，这是我探秘美食的常态，永远带着迷茫的眼神和碎碎念着“这是哪里哦”的嘴，小心脏却一直跳个不停，喉咙不停咽着唾液。

“板凳面庄”在渝北花卉园附近，店面所在的那一条路不怎么起眼，人影稀少。我慢慢走入那条路，就看到拐角处那个黄底红字的招牌和围绕在它附近的食客。正当我怀揣着好奇又激动、忐忑又兴奋的心和胃慢慢靠近时，一位白衣大姐正端着一碗面走向了高矮两根板凳。现在回想起来，我真如陈焕生的模样，在人家店里店外东瞧西看，还抱着个平板电脑不停地拍照。

面庄的门面被一个柱子隔断，一边是煮面的大锅，热气腾腾，一位红衣大妈熟练地操作大漏勺和长筷子，把面条丢在微滚的开水里，使它舒展一阵，就捞起放进碗里，老板娘（那气场一看就知道是老板娘）在一旁帮忙指导。柱子另一边相对平静许多，却令人“口水直下三千尺”。几张桌子上重重叠叠的是拥着红油辣椒的搪瓷碗，平头老

板安静地配着佐料。传说他家红油辣椒的配方是其母亲传下来的，制作过程中会加肉末增香。据说还有一个秘诀只有他一个人知晓。

在一个眉清目秀的妹子那儿交了买二两小面的六块钱，排着队等我的美味。领了一个搪瓷碗盛的面以后，给自己找了一高一矮，蓝得一深一浅的两根板凳。一碗面，安静又热情地躺在板凳上，我用土黄色的筷子搅动面条和绿色的菜叶子，面条被沾上红油和辣椒片，雪白变得红润。一碗热气不断扑打脸庞，辣椒香味直直窜入鼻子却不呛人。我面对眼前红白相间的诱惑，按捺不住激情和饥饿，欣赏一阵儿，赶紧吃一口，面条稍粗有嚼劲，辣椒带劲又润泽，直到最后一口仍意犹未尽。

若说与“板凳面”这一场，是我预谋已久的相逢与碰撞，那么与“张口面”的故事更具温情。

那是一个深夜，在科园路，身边是呼啸而过汽车的风声带来的红尘气息，我幸福地漫步前行。不知走到何时，一阵饥饿感袭来，势头汹涌不可挡，那时我虚汗直往外冒，双腿渐渐疲软无力，越来越难受，直到终于在拐角看见一家面馆。还挺多人呢，都坐着，一眼望去都是筷子夹着面条上下浮动的场景。

我叫了一碗小面，而后坐在座位上回眸了千百次，企盼着它快从厨房通过那短短的几步路程来到我身边，与我手里跃跃欲试的筷子相会。那一碗面的香味在夜色里显得非常诱人，入口稍感辣椒带来的辛辣与苦涩。我禁不住咳嗽几声，饥饿感慢慢退去，吃罢再满足地叹一口气，来到店门口，才看到原来店名是“张口面”。这算是我第一次名副其实的“深夜食堂”了，它带来的慰藉和幸福，感知于胃，了然于心。

与小面的故事，这只是开始。将来的每一次“面对面”也许都是小面和我独特的约会，其间的味觉、感情和回忆，像面条上飘浮的热气和灵动的香味，经久不散。

重庆小面里那些麻辣的日子

◎ 李晓

大多数重庆人的一天，是从一碗小面对肠胃的抚慰开始的。

早晨，那些小面馆子里飘出的袅袅香气，让这座山水中矗立的大城市，有了更多市井气息。清晨出门的上班族、扛着一根扁担的“棒棒”、出租车司机、南来北往的旅人……来到小面馆门口，吆喝一声：“二娃，二两牛肉面，海椒加重点！多放葱花！”然后随意地坐在街头、小巷、黄桷树下的面馆里，呼啦啦吃上一碗小面，那种嘴里心里的过瘾，是没吃过重庆小面的人，根本想象不出来的。

二娃、胖子妈、张大娘、牛儿、板凳、眼镜面……这些犹如街坊邻居名字的小面馆，是重庆人早晨出没的地方。一碗小面，融入了重庆人生活的味道，也藏着重庆人悲欢离合的人生故事。

在重庆，有一家郭老大小面馆，五六张红木桌子，十几根板凳，就是这个面馆的全部家当。面馆已经开了三十多年，每天从早晨到中午，人流熙熙攘攘。郭老大面馆里煮熟后的小面，体积膨胀一大半，不仅有嚼头，也更容易和碗里的佐料亲密糅合。老大说，这是他家的独家发明。三十多年时光过去了，几张老桌子换了好几个地方，但依然是当年开店时的老物件，连挑面的帮工也足足挑了二十多年。一个当年在面馆吃了人生第一碗面的男孩，已带着早晨上学的孩子来面馆里吃面了。面馆里，有二十多种做法的小面，杂酱面、牛肉面、肥肠面、鸡杂面、麻辣小面、油泼面，是大多重庆人的最爱，那入口的麻辣香，仿如重庆人火辣豪气热情耿直的性格。

一碗重庆小面里的佐料，集纳着气象万千的世界。比如佐料中的姜，最好要老姜，先去皮，再切粒，不然味道偏苦。要用蒜水，不能直接用蒜泥，不然蒜的香味会盖过面的香味。将大蒜切碎捣细，冲入高汤，蒜水就制成了。这少则十来种、多则二十几种的调料，以不同的配比放进碗里，尚未挑面，碗已被淹没了一小半。吃面，有时吃的就是佐料。佐料，有时就是深入灵魂的味道。比如辣椒的制作，长一两寸、气味微呛、香而微辣、色泽鲜红的干辣椒是首选，在铁锅里翻炒烘干，冷却后放入石臼，再用木槌捣制，用油熬炼。辣椒的魂魄，在重庆小面里，得到最畅快的释放。

一碗重庆小面的诞生，每家面馆里都藏着一点小秘密，暗含着轻易不外传的诀窍。比如制面，重庆小面用的是“水面”，又被称为“水叶子”。上等的面粉，加水，加碱，搅拌，凭手感把握干湿度，根据需要切出宽窄、厚薄不同的面条，宽的大约十毫米，细的大约一两毫米。煮面，水开后下面，煮沸之后换成文火，再舀入一瓢清水，称为“断白”，如省去这道工序，面条的嚼劲会差不少。在重庆，食客吃面时要对面馆师傅吆喝一声，比如口感硬一点；比如少舀些汤，让碗里的调料严严实实裹在面上，图的是一个浓烈干香；又比如多加点青菜，一碗面条上，浮着几片青翠菜叶，浑然天成就接上了地气。

在重庆著名的解放碑，有一年，一个如花似玉的女子也开了一家小面馆，被食客们发现后，上了网络、报纸，被封为“小面西施”。而今，这“小面西施”据说去海南开了更大的店。还有一个香港余姓导演，来到重庆和一个农妇结婚，在重庆城边边的小镇上开起了面馆。这个导演长期挑山泉煮面，十多年来，夫妻俩卿卿我我，一碗碗面条里，揉进了拉长了他们日子里世俗而绵长的爱。

爱上一碗重庆小面，其实爱上的是一种生活，家常、温暖、香浓。

酒店里的小面照样巴适

◎ 乐缪

豪华酒店的早餐自助留给人的印象通常都是品种多样、滋味丰富，人们的味蕾总会去想象这里的好东西，比如三文鱼片、鲑鱼寿司、鱼子酱、碳烤培根等，而“和府酒店”却让我品尝到了和家乡成都不同的美味。

那是初来重庆的第一天，早餐时间走进餐厅，扑面而来的是各色食物的鲜香，可我却只见每个人都把头埋进碗里呼哧呼哧地吸着面条。餐厅里这么多美食，应有尽有，却怎么都不如一碗朴素的面条受欢迎。这时我才想起朋友曾提及过这座城市的传统——一天从一碗小面开始。视线进而转到餐厅煮面的热灶，我竟然没有第一眼发现它。重庆小面远近驰名，是最亲民最普遍的街头美食。重庆人民祖祖辈辈也养成了早上吃面的习惯。小面到底是什么滋味？重庆人为何那么钟情于它？怕是只有亲身品尝过后才能了解，趁这个机会，赶紧来一碗尝尝。

热灶前，我接过一碗煮好的白面，但站在各式佐料前又叹了口气，不知如何选择。这时，一位戴着白色厨师帽的厨师走上前来，热情地问：“你是要吃面条吗？”

“这叫重庆小面是吧，应该咋个样吃法？”

厨师看上去是典型的“暖男”，敦厚可靠的气质中透着山城男人的潇洒帅气，他用浓重地道的山城腔亲切大方而又开门见山地问我：“你是成都人啊，过来耍的啊？”眼神交汇的那一瞬间，温暖的感觉油然而生。他顺手接过我手中的面条，开始轻车熟路地介绍佐料：“自己随便配，这里各种佐料都有，豌豆、杂酱、莴笋叶儿、涪陵榨菜、萝卜丁、花生米……”时值重庆的深冬，餐厅内的暖气暖烘烘很舒服，我亦心暖暖地跟在他身后。不多时，他已经打好了一碗小面，佐料齐全。他又问：“要不要面上再来些浇头?”我赶忙点头。

大功告成，只见花式小碗里盛着半碗热腾腾又香软细匀的面条，精致地撒上葱花、榨菜、豆干儿，及一勺鲜红的辣椒油，再浇上一层软糯的豌豆和几块醇香鲜滑的牛肉。尝一口，出乎意料的香，让我为最初大大低估了它的美味而感到抱歉。

在灯红酒绿的花花世界中，一碗卖相朴素的小面，滋味儿却着实让人感到惊艳。在接下来的几天，小面于唇齿间留香，让我不再尝一碗就仿佛心头始终欠了什么。重庆人对小面的钟爱我终于懂了一些，它代表着重庆这座山城和山城人民心中最真切的习性，也是最让人耐得住性子的家常味。

江湖美味承一脉

◎ 秋水寒

聚香居是一家以卖江湖菜为主的餐馆，但让它在周围一带出名的却是一碗牛肉面。

二十年前，一对中年夫妇挺过了毁灭性股灾打击后，从一块小黑板、一个简易的面摊开始了新的生活。凭着自己研制的独门秘方，这碗牛肉面为麻辣小面的江湖注入了一股清新的风。知道这个故事的人也许不多，但这碗鲜美的牛肉面却成为了袁家岗一带不少“70、80后”儿时的美味回忆。

随着重庆的城市改造，原来的面摊位置已经成了今天鹅公岩大桥的一部分，老两口也早已经转战其他行业并取得了成功，聚香居牛肉面也渐渐归隐于江湖。相熟的顾客朋友每每提起那碗牛肉面，都会赞不绝口，回味无穷。在众人的鼓动之下，也为了如此美味的牛肉面能继续满足广大食客的味蕾，老两口决定“卷土重来”，以飨广大“老饕”。

现在，聚香居的位置在袁家岗医学路 5–7 号。虽然过了多年，老两口制作牛肉面的方法却没有改变。他们运用传统的牛肉制法，烧制时加了山楂和番茄，具有开胃的功效，小锅慢吊 3 个小时，才炖出粑糯而又有嚼劲的牛肉，不用合成汤料包，不加添加剂，小火熬制出纯粹的肉香。相比其他面馆偏红烧的做法，聚香居的牛肉面偏香辣味，油辣子焦香微呛，很符合重庆人的口味。

对了，在这里你长期可以看到门口有服务员在剥干辣椒，从辣椒的褶皱上来看，这不是超市售卖的表面光滑的干辣椒，也不知道老板用了什么办法，看着像烤干又像晒干。不过，即便不知其中缘由，也可以大致想明白，辣椒的精髓都被提炼出来了。面条并不是用普通面馆里用的韭菜叶子面，而是特制的面条，能够让面条和调料更加融合、入味。

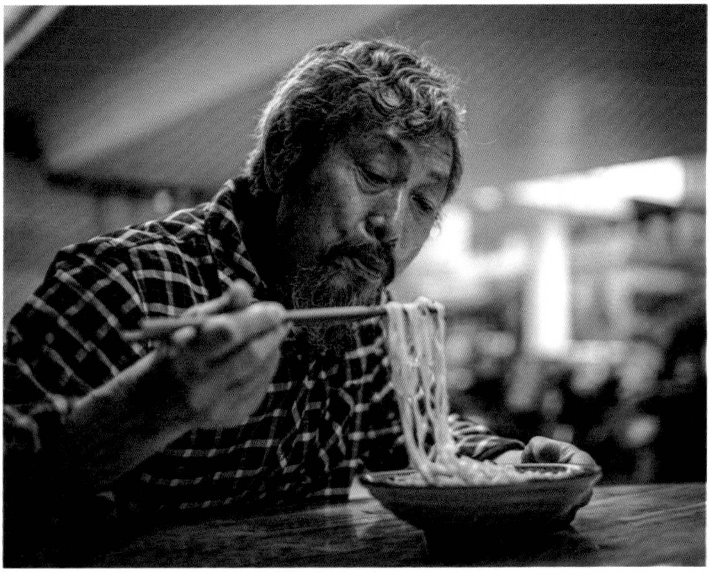

一碗不够，再来一碗

◎ 黄秋秋

想要品尝川外“小榕树”面馆的美味，并非易事。二选一的道路，要么翻过“夺命坡”，要么踏越“彩云梯”。选择一个周末的早晨，“噌噌噌”一口气登上“彩云梯”，大口吸入的是饱含负氧离子的清新空气，睁眼看到的是烟雾缭绕的歌乐山，听到的是风一样的男子们在足球场上奔跑的欢呼雀跃声。抑或就一步步踱上那“夺命坡”，婆娑的树影、摇曳的春花、叽喳的鸟鸣……无论哪条道路都不会枉费这一番追逐美食的闲情雅致。

“小榕树”面馆位于歌乐山半山腰，因店前门口有棵小榕树而得名。店里的萨摩耶犬——阿黄，总是乖巧地守候在店前，耷拉着脑袋，晒晒太阳。偶尔抖擞着一身蓬松洁白的毛，“勾搭”路过的少男少女。

因为地势较高，在这里就餐，眼前视野一片开阔，可一览山下风景，楼宇座座、车流不息。此时的你肯定会感激一个小时前的自己，感激自己不怕辛苦来到此地，从而能够抽身作为旁观者观摩山下无数个日常的“你”。“你”在车流中奔波生活，“你”在钢筋水泥里打拼事业……迎着拂面的清风静静观想，会有一番参禅修身的意境。也可看看正在爬坡的学生们，有的成群结伴、有说有笑，也许是在“吐槽”刚刚上的课，或者讨论昨晚刷的剧；有的独自一人戴着耳机，跟着音乐旋律走走停停，随性洒脱；还有的涨红着脸，紧咬下唇，赌气似的爬着，似乎一定要和这个“夺命坡”争个高下，看谁能够征服谁。青春洋溢的气息扑面而来，总能勾起你学生时代的单纯美好。

开始点餐，来一碗麻辣小面，汤红、菜绿、面条油光发亮，撒上一撮葱花香菜，加点醋，拌入咸菜粒，来碗免费的排骨豆芽汤。“滋溜滋溜”大口将面卷入口中，面的筋道，在齿间活泼开来；汤汁的浓郁，均匀地附着在每一根面条上，入口、吞咽，在整个食道蔓延开来。一碗面转眼见底，虽已饱腹，但仍抵挡不住扑鼻的面香，或许会挣扎于与减肥意念的斗争中，但……不管了，再来一碗红烧牛肉面！这次不再“猪八戒啃人参果——全不知滋味”。吹开腾腾热气，牛肉块大精瘦，筷子轻掐，软糯却不毁形，入齿轻嚼，肉质润爽，肉汁的鲜香裹挟着面汤的麻辣香，“嘎吱嘎吱”在齿间兜窜，混合过后的香气直蹿脑门。原来与美食发生的“化学反应”，竟然是这般让人飘飘然。夹起一绺面，比普通的面要更为精细，穿着红汤外衣格外妖娆，禁不住这般“色诱”，赶忙吞下分泌过多的口水，将面吸入、咀嚼、吞咽、回味，依靠本能完成了这般美味体验。只听过玩物会丧志，万万想不到区区一碗面也能让人丧失了理智，随即：“老板，再来一碗。”

饱胀之后，带着对减肥养生的深深愧意，再次移步歌乐山……

亲爱的我们"老地方"见

◎ 黄小兰

老地方，是指朋友间、恋人间、夫妻间经常去的，或者有着特殊纪念意义的地方，因为它们承载着太多的美好记忆。我的“老地方”是一家面馆，没有华丽的店铺装潢，也没有品种繁多的小面花样；有的只是热腾腾的小面，让人迷恋的味道，清爽可口的现磨豆浆和热情爽朗的女老板。

因为只和发小去过一次，记不清地址，某日和朋友嘴馋想再去，倒找不到准确地址了，只记得它叫“老地方见面面馆”。上网查过，地址、电话都不够详细，而我却阴差阳错地了解到面馆的故事。

“老地方见面面馆”，创始人是吕桂芳，起初是由于生计所迫，才开始做卖小面这个行当，没想到转眼间已经坚守了三十余年。最初那条街还是石板路，整条街只有 3 个面摊，由于摊位小，人们都是站着吃，并且二两小面只要八分钱。几十年如一日的工作常态与生活态度让她自立自强撑起了整个家，同时也练就了动作麻利、有条不紊的熟练技艺，开启了一段不同寻常的卖面养家之旅。

而现在，“老地方见面面馆”的顶梁柱是吕桂芳的女儿周代英，如同一个模子刻出来的样貌，如同一双手挑出的熟悉味道，这一切都源于爱的坚守。说起周代英与小面馆的缘分，几乎与母亲拥有的珍贵记忆一样多、一样久。就在母亲面摊开业那年，18 岁的她经历了人生中最重要的事——高考，然而仅因 3 分之差，让她与大学失之交臂。前途渺茫和灰心丧气的她，因不忍心母亲每日的操劳、担忧，于是决定重拾对生活的信心，将母亲这一份朴素的事业延续下去。

随着时代变迁，小面生意越发红火起来，街市上争相开起了小面馆，有的为了更好发展而换地点。面对竞争压力，老地方见面面馆依旧坚守原地，也许是老板觉得在这里开小面馆几十年了，不论是对熟悉或者陌生的食客，还是对这里熟悉的一街一景，都有着很深厚的情感，是她生活中快乐的源泉。

那份快乐是会传染的，我想起第一次和发小去吃面的场景。我点了一碗牛肉面，她点了一碗麻辣小面，没有花哨的摆盘装饰，只有最质朴醇厚的味道。牛肉面的面汤看上去十分浓郁，应该是多髓牛骨熬制成的鲜浓的原汤。再配以醇香的牛肉，开胃的佐料，面条麻辣爽口。老板有心地送上两碗现磨豆浆，她说："你们是第一次来，免费送豆浆，算是见面礼。"正是这样的贴心与细心，让我们深深地记住了这家面馆。

老实说，像"老地方见面面馆"这样的小面馆已不多见，曾经那些朴实的老重庆味道也在逐步淡出人们的视线。这个面馆能够坚守至今，不仅仅是经营有方，更多的是一种情感，一种时间沉淀出来的、浓浓的亲情。幸运的是，这份坚守，为我和发小留住了一个老地方，时不时我就会亲切地对发小说："亲爱的，我们老地方见！"

小巷深处寻乡味

◎ 谢纹影

同样十几种佐料，经过不同的手，味道完全不同，这就是小面的魅力。

闺蜜是万盛人，从小吃万盛的小面长大，对万盛小面可以说是情有独钟，毕业后因工作原因，现居住在重庆。作为“吃货”的她，偶尔会拉着我抱怨，说吃了很多家所谓的重庆几十强小面，却感觉都不如万盛小面可口。我虽然去过万盛多次，可都未曾有机会品尝当地的小面。因此，在她抱怨时，我只是淡淡地回应：“体会不了，没吃过！”她也总以“你不懂”来终结我们的对话。

而偏偏这次闺蜜换了结束词，说了一句：“走！我带你去吃正宗的万盛面！”未必这是在邀请我去她家做客？那我只有恭敬不如从命了。

可闺蜜却带我来到了江北，钻进了马路支道的一条转角小巷，这让我的幸福指数瞬间下降了一半，并疑惑这里是否真的能尝到正宗万盛口味。“香苑小吃”是这家万盛面馆的名字，不是那么合拍，却也充满诗意，或许是因为还售卖包子和抄手等小吃的缘故，所以老板起了这个包容性极强的店名。

食店面积不大，只容得下一张四人桌和一张紧靠墙壁的两人单边桌。据老板介绍，同名老店早在 2003 年就在万盛开张，曾经还入围了万盛的“小面二十强”；经过了十多年的奋斗，他在半个月前将面馆开到了重庆，不过味道还是老店的味道。地儿换，味不变，是闺蜜选择它的唯一理由。

几句闲话的工夫，面上了桌。我点的是豌杂面，老板说，豌杂面突出的是杂酱而不是面条，杂酱的制作特别讲究，从选肉到各种辅料和调料都有要求，具体烹调时掌握好火候也是关键。他家制作杂酱的肉都是选取市场上品质优秀的夹子肉和三线肉，手工切剁，大小均匀，让食客一眼就能见到美味。除了杂酱之外，决定一份豌杂面的味道好不好，就是看豌豆，一份软糯的豌豆需要将干豌豆用清水泡发一夜后，以骨头汤细火慢炖，直到豌豆吸收了骨头汤的鲜香和浓郁，再和杂酱一起作为浇头撒在面条上。

如果受不了重口味的油辣子，又觉得小面味道单调，那么一碗酸菜肉丝面会是你的不二选择。以自家老坛陈泡酸菜配以切碎的剁椒，酸辣鲜香而不燥，肉丝嫩而入味，别有一番风味。

和闺蜜吃完面，游走在灯火阑珊的大街上，随处可见各家面馆面摊，我突然好像明白了闺蜜对万盛面的唠叨，那不仅仅是她离不开的一种味道，更是她离不开的生活。

平民膳道不了情
平衣食风最知音

附录一

重庆小面大事记

（2013—2020）

中央电视台专题纪录片《嘿！小面》播出

2013 年 11 月 21 日，中央电视台在纪录片频道播出了一部专门介绍重庆小面的纪录片《嘿！小面》。此纪录片对重庆小面的形成因素、技艺流程、人文文化等进行了多方位、多侧面的介绍，使观众通过观看此纪录片认识和了解了重庆小面，肯干耐劳、执着坚守的煮面人，以及热爱这碗家乡面的重庆老百姓。《嘿！小面》的播出，在整个中国美食界产生了很大的反响，很快在全国掀起了“重庆小面热”，使重庆小面成为了“网红”美食。

中央电视台《舌尖上的中国》第二季播出

2014 年 5 月 30 日，中央电视台综合频道播出的大型纪录片《舌尖上的中国》第二季，其中再次肯定了重庆小面。片中特别提到，重庆人的生活是从早上的一碗面开始的，并专门介绍了重庆小面使用碱面的要诀和打小面调料的要领。《舌尖上的中国》第二季的播出，进一步为全国“重庆小面热”推波造势。全国各地大批的美食爱好者前来重庆，品尝重庆小面，同时，各地也有不少餐饮经营者到重庆学习小面制作技艺或加盟重庆小面连锁店。

《重庆小面烹饪技术指南》出台

由重庆市商业委员会提出并归口，重庆市餐饮行业协会立项，按照 GB/T1.1—2009 给出的规则起草的《重庆小面烹饪技术指南》经上报重庆市质量技术监督管理局审议并获得通过，于 2015 年 8 月 30 日发布，10 月 1 日实施。

《重庆小面烹饪技术指南》对重庆小面的术语和定义、原辅材料种类及要求，制作过程技术规范、成品感官要求、最佳食用温度和时间几个方面作了规范性的归纳和总结。人们常说：“没有规矩便不成方圆”，《重庆小面烹饪技术指南》的发布，对重庆小面从业人员进一步了解和掌握小面加工流程，规范重庆小面技术要求，提升重庆小面整体水平起到了积极的作用，使小面从业人员对重庆小面有了一个更加客观和清晰的认识，《重庆小面烹饪技术指南》的发布，使重庆小面这道重庆美食更加名正言顺，更加充满生机。

2016年重庆小面技能比赛宣传解说词

生活由一个简单的意愿开始，一切朴素的、奢华的、传统的、现代的、豪放的、优雅的，均在记忆和期盼中流淌，犹如跳动的音符吸引着人们去追寻、去感受。重庆人会吃，重庆人好吃，早已随着脍炙人口的重庆菜、重庆火锅和重庆小面走出大山，走出大江，遐迩闻名。

源远流长、博大精深的历史文化，朴实无华、布衣草根的两江文化，兼收并蓄、厚重多元的移民文化，秉承自然、方兴未艾的三峡文化，经岁月磨砺，为重庆美食奠定了扎实的基础，并通过不同载体的美食进行诠释。

数不清的重庆美食，最接地气、最有人脉、受众程度最高的当属重庆小面。干溜、宽汤、带青、免青、红汤、清汤、提黄、白提……一碗小面能够煮出这么多的名堂，把重庆人吃小面的讲究表达得淋漓尽致。

碱水湿切面是重庆厨界前辈的一大发明，它既能推迟面条发酸的时间，又能增加面条的嚼头。碱水面与佐料的优势互补，形成了重庆小面与众不同的独特风格。

大山大水养育和洗礼的重庆人，历来以耿直、豪爽、粗犷著称，其实重庆人也有细腻的一面，从面条形态的变化就可见一斑。宽面、细面、韭菜叶面等各种形状的面条，使食客拥有宽泛的选择余地。

在麻辣小面基础上，派生出来的臊子面多达30余种，数量上为全国之冠。各具地方特色的臊子面以其与众不同的魅力，丰富了重庆小面的内容。

在重庆的著名美食中，小面的“粉丝”是最多的。他们通过自己的舌尖将全城的小面店侦察得一清二楚，只要面好吃，即使过河过江远道而来，排队等候，也甘心情愿，可谓“酒好不怕巷子深，面好不嫌路途远”。

味道是重庆小面的魂，十余种佐料的有机配合，相互作用，展现的是量度与确度的统一，技巧与速度的和谐，达到的是“以味制胜”的终极目的。

重庆人的生活是惬意的，仅一碗小面就能吊足我们的胃口；重庆人是幸福的，仅一碗小面就能品尝到五味人生的趣味。在重庆，没有人能够走出小面的眷顾和吸引，没有人放得下对小面的执着和依恋。

“好吃不过茶泡饭，好看不过素打扮，好喝不过大曲酒，好馋不过麻辣面。”“东西南北走一走，前后左右看一看，不想大鱼和大肉，只想街头摊摊面。”这就是重庆人“巴心巴肠”的小面情怀。

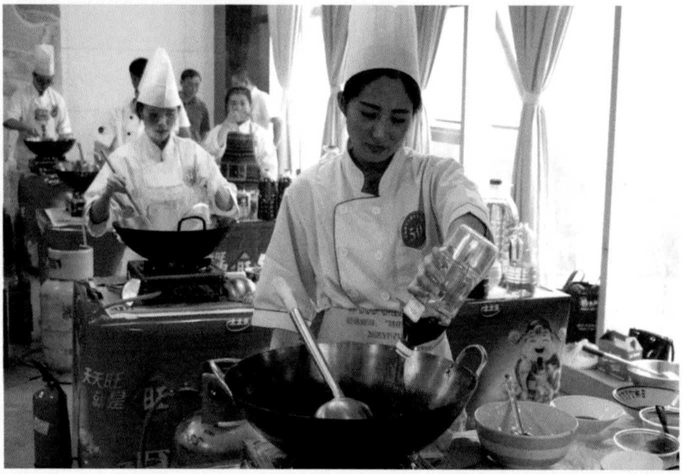

重庆卫视《麻辣面对面》重庆小面擂台赛

重庆小面是继重庆火锅后的又一张重庆美食名片，名震全国。据媒体调查，重庆有小面馆近10万家，在数量上可称全国之最。

2016年，重庆卫视斥巨资拍摄了一档以重庆小面争霸赛为主题的大型美食节目。此节目共12集，主要致力于将重庆小面精湛的制作工艺、独特的文化理念传向五湖四海。节目邀请了香港明星曾志伟作为“寻味人”，带观众寻访山城大街小巷中那些最正宗的小面味道。历经数月的探访，最终从数万家面馆中甄选出30家特色鲜明、口碑和人气较佳的小面馆，进入重庆电视台演播大厅进行现场“PK”，并采取邀请专业评委和大众评委相结合的投票形式，对制作的面条进行评比。每集节目收录一场比赛，经过 12 场演示、评比，最终评出了重庆小面“五大掌门”。此次擂台赛是重庆电视台耗资最大、历时最长、影响最广的一次小面文化宣传活动。

比赛海选于 2016 年 7—8 月举行。节目组数十名工作人员分组在全市范围内进行暗访、调研、信息搜集，寻找出具有影响力的小面馆，然后由“寻味大咖”曾志伟带领摄制组赴现场考察、品尝，对甄选出的 30 家面馆发出邀请函，请他们到重庆电视台演播大厅进行现场“PK”。胖娃牛肉面、胖妹面、懂大师、秋丘泡椒面庄、银纸鱼情面、周氏牛肉面、桥北第一面、小小面、彩电面、鸡公面、嘿小面、九街小面、奥照面、奇迹面、猫儿面、卧牛石豆花面、玩味花甲面、南泉豌豆面、朱儿面、老战友渣渣面、虾扯旦、春森牛肉面、香卤卤面、渝尖尖、祖记豆花面、面是……、山城大叔老面馆、蛋二三、麦和面、要要面，30 家小面企业有幸入围。

正式比赛于 9 月拉开帷幕，共分为了三轮进行，节目组邀请香港明星曾志伟为“寻味大咖”及节目主持人，中国烹饪大师、国家高级营养师夏天为点评专家，艺人张朋和虎虎、音乐人郝蕾、网络红人李黑帅、重庆电视台主持人张玮玮作为美食达人嘉宾。

比赛第一轮由“三十大门派”分为十组进行，每组三家现场“PK”，每场邀请两百位观众作为大众评委。参赛选手现场制作各家招牌面，先由嘉宾品尝点评，选出自己喜欢的选手，再由现场观众品尝投票，每组得票最高者胜出成为“十大高手”。它们分别是胖娃牛肉面、懂大师、桥北第一面、九街小面、奥照面、南泉豌豆面、老战友渣渣面、秋丘泡椒面庄、周氏牛肉面、面是……、山城大叔老面馆、蛋二三、麦和面、要要面（其中有并列排名）。

比赛第二轮由“十大高手”分为五组进行，每组两家现场“PK”。每场邀请了十位五星级酒店技术总监或厨师长作为专业评委，其中中餐专业评委八名，西餐专业评委两名。组委会还特别邀请了十家主流媒体代表作为媒体评委。参赛选手现场再次制作各家招牌面，经过激烈的竞争，由专业评委评出“五大掌门”，分别是胖娃牛肉面、周氏牛肉面、懂大师、秋丘泡椒面庄、南泉豌豆面。现场的每位嘉宾又分别选出自己青睐的面条及“掌门人”，自己作为他们的经纪人，为下一轮冲刺“三大宗师”拉票助力。

比赛第三轮由“五大掌门”同台竞技，勇争“三大宗师”。比赛现场，节目组提前安排好各类食材，由五大掌门现场自由选择，自由发挥。最后由专家评委和媒体评委进行现场投票，最终胖娃牛肉面、懂大师、南泉豌豆面获得了“三大宗师”殊荣，大赛组委会向“五大掌门”分别奖励了十万元奖金。

该节目通过重庆卫视及全网播放，成为了继央视《舌尖上的中国》《嘿！小面》节目播放后对重庆小面的又一次大手笔宣传造势节目，为在全国范围内叫响重庆小面的名号起到了重要的助推作用。

2017年第二届重庆小面大赛宣传片解说词

重庆，一座历史悠久的名城。翻开重庆3000年的历史，每一页都闪烁着巴渝文化的光芒！重庆古称江州，以后又称巴郡、楚州、渝州、恭州。南北朝时，巴郡改为楚州。公元581年隋文帝改楚州为渝州，从这个时候起，重庆正式有了“渝”的简称。

重庆，首先是一座“山城”，整座城市建立在重重山峦之上。这座城市的魅力，不仅是四通八达的立体交通、鳞次栉比的摩天大楼，更多的还是那些在城市独有的地理位置、历史底蕴和文化环境中诞生出的一个个城市符号：如消逝的码头文化、被遗忘的老茶馆、重庆“地下城”、地道的言子儿、尘封的老街记忆、厚重悠长的老火锅以及香气扑鼻的小面。它们是重庆这座城的岁月残片，是记忆，是向往，更是真实的生活。

重庆地处四川盆地东部，位于长江与嘉陵江、长江与乌江汇合处，属亚热带湿润性气候，夏天炎热，冬天阴冷，降水充沛，湿度很大。重庆人为御风寒，驱潮气，常吃辣椒，饮烧酒，久而久之，同样也养成了重辛辣的饮食习惯。

另一方面，重庆历来是长江上游水路交通枢纽，江边码头林立，商船穿梭频繁，旅人来往如鲫。与香港、上海类似，重庆自古是一个移民城市，这一背景潜移默化地促进了各地的饮食习俗与重庆饮食习俗的交融，形成了极富魅力的重庆美食风味和独特的重庆饮食文化——火锅、江湖菜、小面是重庆美食的三张名片。

如果说火锅是重庆最风土的提炼，江湖菜是最豪气的呈现，那么小面就是重庆最实在的表达。狭义上，小面是指以葱蒜酱醋辣椒调味的麻辣素面。而在老重庆人的话语体系中，即使加入牛肉、杂酱、排骨等臊子浇头的面条也称作小面。小面的“小”，既代表价格不贵，也流露着随意而不简单的美食态度。

在重庆这座“立体魔幻都市”里，藏着数万家大大小小的小面店，无论什么地方，只要你想吃小面了，步行不超过500米就能找到心理上的慰藉和舌尖上的满足。一碗小面包罗万象。小面是早餐，午餐，也是晚餐，更可以是夜宵。重庆人热爱小面，是爱她那调料所孕育的麻辣鲜香。“一千种味道一碗小面就能满足，一万个理由一碗小面就能搞定。”重庆小面最独特之处，在于多种调料的组合艺术。辣椒、红油、花椒油、酱油等十余种佐料搭配，味道的平衡全凭手上拿捏。

“地距西南，天生巴渝，别有市井小面，敢扛风云大旗；香飘万家，弥漫窄巷宽街，味美两江，点缀化晨月夕。”《重庆小面赋》这样赞美着小面。小面独特风味，荡漾着油辣子、花椒、葱花的诱人香气，博得国内外食客的青睐。

重庆获“中国小面之都”殊荣

2017年11月3日，在第27届中国厨师节开幕仪式上，中国烹饪协会正式授予重庆市“中国小面之都”的称号。

这一称号的获得，是对重庆市各级政府及行业主管部门长期关心和帮助重庆小面行业发展、培育小面产业进步的肯定，是对重庆近10万家小面企业挖掘小面文化、弘扬小面技艺、坚守小面味道的肯定，是对闻名遐迩的重庆美食的肯定，使重庆小面成为继重庆江湖菜、重庆火锅之后的又一张引人注目的城市名片。

技高行天下，能强走世界　首创重庆小面专项技能比赛

为了积极引导和扶持重庆小面产业的进一步发展，使小面技能人员的技术水平得到整体提升，由重庆市人力资源和社会保障局、重庆市商务委员会、重庆市沙坪坝区人民政府、重庆市沙坪坝区人力资源和社会保障局主办，由重庆市餐饮行业协会、重庆新东方烹饪职业培训学院承办的重庆小面专项技能大赛从2016年至2019年连续四年举办，在重庆乃至国内餐饮界产生了很大的反响。

通过四年来的四次小面赛事，重庆小面从业人员的技能水平和素质得到了很大的提高，为重庆小面热注入了实质性的动力。

鉴于2016年和2017年小面专项技能比赛的成功举办及比赛后所产生的良好影响，2018年中国饭店协会、中国就业培训技术发展中心、中国财贸轻纺烟草工会作为主办方，将此赛事升级为全国饭店业职业技能大赛暨“巴渝工匠”杯全国首届重庆小面技能大赛。

重庆小面专项技能比赛由地方级赛事上升为国家级赛事，是对重庆小面魅力的又一次肯定，是重庆小面获得的又一次殊荣。其“四高”（赛事规格高，重视程度高，评判标准高，荣誉奖励高）和“四广”（大赛影响广，群众参与广，引领行业广，文化宣传广）的特点获得大赛主办方的认可和好评。

此次大赛共有 1455 名选手参赛，创中国历次举办烹饪大赛的“五个最”。一是参赛选手地域分布最广。除全国近 30 个省市派出选手参赛外，此次赛事还吸引了法国、加拿大的选手参加。二是赛场规模最大。此次赛事设 150 个标准化操作台，可供 150 名选手同场竞技。三是组织最得力。重庆市各级政府高度重视，分工明确、责任到位、准备充分、考虑周全，使整场比赛有条不紊、秩序井然、进展顺利。四是影响最大。中央电视台新闻频道、重庆卫视、沙坪坝区有线电视进行了及时报道，《重庆日报》《都市热报》等在重要版面进行了宣传，网络媒体人民日报重庆版、新华网重庆频道、华龙网、腾讯大渝网等都进行了报道，重庆市人力资源和社会保障局微信公众号、沙坪坝区各级官方微信公众号都对此项大赛进行了宣传。五是清洁卫生保持最好。此次赛事中 150 人同时上场比赛，组委会配有 150 人作为后勤人员为选手服务，从比赛开始到结束，整个赛场的地面上没有出现一滴水、一片垃圾。

基于 2018 年全国饭店业职业技能大赛暨首届重庆小面技能大赛取得的成绩，主办方决定将该赛事落户重庆，每两年举办一次。

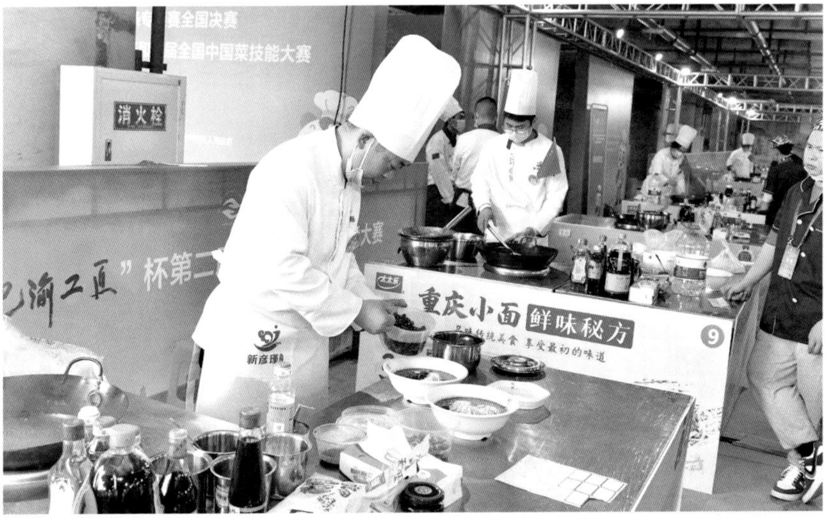

为了烘托小面比赛的氛围，将小面比赛作为弘扬重庆小面文化的载体，从 2016 年起，组委会将比赛过程都录制成电视宣传片，在开幕式和比赛过程中播放，让重庆小面文化走近百姓大众，走进每一个重庆人的心。

2018 年第七届全国饭店业技能竞赛暨首届全国重庆小面专项技能大赛宣传片解说词

巴渝大地，得自然恩泽，山川峻峭，景致独特，在这里，两江交汇，三峡雄踞，山城、江城、不夜城交相辉映。这座美景、美食、美女的“三美”城市，如今已经成为名符其实的“网红”城市。

在重庆，如果提到主食，地道重庆人最津津乐道的肯定是小面，说起来眉飞色舞，垂涎三尺，吃起来风卷残云，大快朵颐。

小面叫起来顺口，听起来顺耳，有亲切感。说它小，小在仅一碗里，说它不小，它又在三千万重庆人的生活里。

抱朴怀素的重庆小面是“醇厚布衣食风，悠久平民膳道”最接地气的产物，是“三千年岁月贯豪气，三千万巴人走江湖”最真实的写照。不少重庆人忙碌的一天通常由一碗小面拉开序幕。鳞次栉比的小面店遍布大街小巷。在重庆，只要有人群的地方绝对能闻到小面散发出的芳香。

在重庆吃小面，讲究的是一个“爽”字。只要一碗热气腾腾的面条端到跟前，不管是坐着的、蹲着的、站着的、板凳当作桌子的、地

坝当成店堂的，无论男女老少，大家顾不得吃相，一阵“呼哧”便碗底朝天，直喊“安逸”。

在重庆，吃面就是吃味道，吃面就是吃佐料。打面佐料讲究的是综合调味的技巧。小面师傅打佐料时，一手端面碗，一手拿料勺。只见料勺在调料钵中上下飞舞，速度极快，十余种小面佐料，放多放少，顺序先后，全凭长期的经验积累和“手风”。小面师傅形容打面佐料是“心中要有哈数（重庆话，指有谱），手上才有准度”。正是这种娴熟的“准度”，成就了麻辣诱惑、滋味悠长的重庆小面。

重庆小面佐料中最考究的当数红油，红油是小面的润滑调色剂和增香调味剂。在重庆，每家小面店在红油的炼制上都有自己的秘方。他们在辣椒品种的选择，菜油与辣椒的比例，炼制油温的高低程度等方面皆出神入化。各店的看家本领，各自的诱人特色，通过红油得到完完全全地释放。

重庆小面中形形色色的臊子面也十分吸引人，红烧牛肉面、杂酱面、红烧肥肠面、泡椒鸡杂面、豌豆面等，这些多元化的臊子面使小面的口感更加丰腴，食客的选择面也更宽。

中央电视台纪录片《嘿！小面》对重庆小面的评价很高，片中赞美重庆小面是重庆的本色、重庆的味道、重庆的根。这一纪录片的播出，让重庆小面迅速名扬华夏大地。2018 年中国技能大赛——第七届全国饭店业职业技能竞赛面条专项决赛暨重庆小面专项技能大赛在重庆隆重举行，标志着重庆小面技能大赛正式成为国赛项目之一，说明重庆小面的影响力越来越广，波及全国。重庆小面与全国各地其他面条“同台献艺”，使具有四千多年历史的中国面条百花争艳，春色满园；使具有悠久历史的重庆小面继往开来，铸就辉煌。

2019 年“巴渝工匠”杯小面专项技能比赛宣传词

门埠通达，峡歌三叠，百舸争流，孕育生机，山与水给予了重庆独特的城市基因，也赋予了重庆独有的气质和味道。人文底蕴深厚、文化气息浓郁的重庆美食为这座依山而立，伴水而生的城市增添了无限的魅力。

重庆小面，在巴山歌谣中诞生，在峡江号子中成长，从与舌尖的碰撞开始，便一直遵循着自然、淳朴之美。它与草根布衣们走得最近，是当之无愧的最佳平民膳食。

重庆小面被食客们誉为“日常生活中的大众情人”。美食评论家评价重庆小面：“小面虽小，有容乃大，小面虽小，入心为大”，“小中自有大市场，小中自有大文章”。哪怕只是一碗小面，只要用心用情去制作，就能够获得大家的青睐与好评。

重庆小面的产生和形成，与烹饪工匠们有着千丝万缕的联系，他们从一点一滴的技艺开始，从不起眼的细节传承开始，从每项基本功的反复操练开始，从经验积累与总结提升开始……一直坚守着尊重历史、尊重自然、尊重物性、尊重手艺的不变法则。重庆小面工匠们是这样想的，也是这样做的。

什么人能代表重庆小面工匠？踏实、肯干、聪颖、精明，正是他们谦虚好学、不断进取、弘扬技艺、开拓创新的初心。小面工匠们来自重庆城乡各地，他们每个人都怀着一个共同的梦，期盼成才，渴望成功，能为一个家撑起一片天，能为年迈的父母带去欣慰的微笑，能为甩掉贫困、走向小康奠定扎实的基础。小面工匠们在劳动致富的事业中体现出人生的价值，纯熟的手艺使他们在自主创业的路上走得坚实平稳。

一年一度重庆小面专项技能比赛的举办，为从事小面行业的工匠们搭建了一个考查技术能力、展示技能水平的平台，通过比赛，激发了广大小面从业者学习技术，掌握技能，争当行家里手的热情，使不少优秀技能人才脱颖而出。

重庆市政府长期重视重庆餐饮行业的发展，致力于将重庆打造成为世界瞩目的美食名城。在今后的发展道路上，我们仍需持之以恒地建设小面工匠队伍素质提升技能水平，重点把握重庆小面文化内涵、品牌建设、宣传造势、产业推广这几个方面，使“中国小面之都”这块金字招牌更加亮丽。

15 款重庆特色面条入选中宣部“国泰民安国庆面”活动

为推动习总近平书记新时代中国特色社会主义思想在培育国庆新民俗活动中落地实施，弘扬为祖国庆生祈愿的新时尚，拓展“倡导国庆新民俗，打造爱国活动周”的实践效果，中宣部在 2020 年国庆期间，在全国范围内举办“国泰民安国庆面”活动，通过此举，为伟大祖国的生日贺寿，为祖国的繁荣昌盛、人民的幸福安康喝彩。

“国泰民安国庆面”以一年 365 天为契机，在全国各地选择 365 款面条，以“每天一面”为主题，为入选的 365 款面条撰写文字说明、拍摄视频，由人民出版社编辑成光碟和图书，向全国推广。

重庆作为“中国小面之都”，选送了具有本地特色的 15 款面条参加，数量为全国各大城市之最。重庆市委宣传部、重庆市商务委员会对此次活动高度重视，组织了重庆市餐饮行业协会、重庆市小面协会的专家多次开会，反复讨论，最后确定了重庆麻辣小面、重庆红烧牛肉面、重庆素椒干溜杂酱面、重庆风味肥肠面、重庆传统豌豆面、重庆荣昌铺盖面、重庆姜鸭面、重庆煳辣酸菜鸭血面、重庆鸡丝凉面、重庆家常腰花面、重庆河水豆花面、重庆回锅肉面、重庆辣子鸡面、重庆辣卤蹄花面、重庆泡椒鸡杂面 15 款面条参加活动。

重庆市委宣传部、重庆市商务委决定委托重庆市餐饮行业协会完成此项工作。重庆市餐饮行业协会接到任务后，马上组织专家团队制定了详尽的编撰方案和拍摄推进计划，在文字的编撰上，一是着力于突出重庆区域特色及文化挖掘，对入选面条从历史传承、典故轶闻、品质鉴赏、择优取材、烹制技巧、品种特点等方面进行了各有侧重的文案编写；二是对入选面条的主料、辅料、调料用量及烹制过程中的油温、水温，要求准确无误；三是将制作流程分步骤表达清楚，以利于操作；四是入选面条均配有一张清晰的彩色照片及视频，使其图文并茂。

为保证此次活动能顺利地高质量完成，重庆市餐饮行业协会特邀请和组织了 3 位高级技师、2 位重庆小面“非遗”代表传承人，及愚小面、秦云老太婆摊摊面、花市豌杂面、疯狂掌门人、胖娃牛肉面、周氏牛肉面、秋丘泡椒面庄、唐司令荣昌铺盖面、慕儿姜鸭面、万州程凉面、顺风 123 一点堂等小面商家参与了面条的制作拍摄工作。在文字编写和拍摄期间，市委宣传部、市商务委领导全程进行了现场指导，务必精益求精，保质准时完成。经过 20 余天的不懈努力，此次任务于 2020 年 8 月 16 日顺利完成。

小面虽小
小在仅一碗中
小面不小
它又在三千万人的
生活中

附录二

重庆小面烹饪技术指南

ICS 67.040

X 01

备案号：47132-2015

DB50

重　庆　市　地　方　标　准

DB 50/ 631—2015

重庆小面烹饪技术指南

Guidance on cooking techniques for Chongqing noodles

2015-08-30 发布　　2015-10-1 实施

重庆市质量技术监督局　　发　布

前　言

本标准按照 GB/T 1.1—2009 给出的规则起草。

本标准由重庆市商业委员会提出并归口。

本标准起草单位：重庆市餐饮行业协会。

本标准主要起草人：刘英、张正雄、向跃进、陈勇、肖春兰、尹孟。

重庆小面烹饪技术指南

1 范围

本标准规定了重庆小面烹饪技术的术语和定义、原辅材料种类及要求、制作过程技术规范、成品感官要求、最佳食用温度与时间。

本标准适用于重庆小面的烹饪制作。

2 规范性引用文件

下列文件对于本文件的应用是必不可少的。凡是注日期的引用文件，仅所注日期的版本适用于本文件。凡是不注日期的引用文件，其最新版本（包括所有的修改单）适用于本文件。

GB 2760 食品安全国家标准 食品添加剂使用标准

SB/T 10426 餐饮企业经营规范

DB50/ 295 生切面 切面皮

3 术语与定义

下列术语和定义适用于本文件。

3.1 重庆小面 Chongqing noodles

以面粉、食用碱、水混合制成的新鲜面条为主料，以时令蔬菜为辅料；经大火沸水煮熟，并由酱油、味精、姜水、蒜水、芝麻酱、熟碎花生仁、红油辣子（或不加）、花椒粉（或不加）等十余种调味料调味而成，具有麻辣鲜香或清鲜醇正的特点，广泛流行于重庆地区的一种特色饮食。

3.2 姜水 ginger juice

指老姜经去皮捣碎（蓉）后用冷开水冲调而成的调味汁。

3.3 蒜水 garlic juice

指大蒜经去皮捣碎（蓉）后用冷开水冲调而成的调味汁。

3.4 熟碎花生仁 chopped peanuts after fried

将经油酥或烘烤致熟后加工成花生仁的碎颗粒。

3.5 粗加工 preliminary working

指制作前，对所需原料按其特性进行必要的挑拣、整理、清洗、剔除不可食用部分等加工处理的操作过程，以满足清洁卫生和成品的要求。

3.6 干溜（noodles）without bone soup

指在调味过程中少加入或不加入高汤。

3.7 宽汤（noodles）with bone soup

指在调味过程中多加入高汤。

3.8 清汤 non-spicy（noodles）

指在调味过程中不加入红油辣子与花椒粉。

3.9 红汤 spicy（noodles）

指在调味过程中需加入红油辣子与花椒粉。

4 原辅材料种类及要求

4.1 主料

4.1.1 主料为碱水面条。

4.1.2 面条长度、宽窄、粗细均匀，质地柔韧，富有弹性、气味清香，本品固有的颜色。

4.1.3 食品添加剂使用符合 GB 2760 的规定。

4.1.4 符合 DB50/ 295 的规定。

4.2 辅料

4.2.1 辅料主要包括蔬菜、高汤、水、食用猪油。

4.2.2 蔬菜可选用各类时令豌豆苗、空心菜、莴苣叶、卷心菜、大白菜、生菜等的嫩叶或嫩茎为辅料。

4.2.3 符合国家相关标准及有关规定。

4.3 调料

4.3.1 选用酿造酱油、姜水、蒜水、红油辣子、味精、鸡精、食用植物油、熟芝麻、芝麻酱、花椒粉、酿造食醋、熟碎花生仁、榨菜粒、葱花配成调料。

4.3.2 符合国家相关标准及有关规定。

5 重庆小面制作过程技术规范

5.1 粗加工

5.1.1 认真检查待加工原料，发现有腐败变质的原料不得进行加工。

5.1.2 各类原辅料应先进行挑拣，剔除老、黄叶茎和不能食用部位。

5.1.3 用流水进行清洗，去掉原料中残留的泥沙、虫卵和杂质。

5.1.4 对不同原料、半成品、成品分类贮存，合理保管，防止二次污染。

5.2 辅料预制

5.2.1 制高汤：选用猪筒骨、杂骨，清洗后放入沸水锅内出水，捞起用温热水将血垢和浮沫洗净，锅中另掺清水放入筒骨、杂骨，用小火慢炖，至汤味鲜醇。

5.2.2 炼制猪油：猪板油洗净后撕去蒙皮，改成约 2 cm 见方的块，用小火熬制，待猪油块出油已尽，形态干缩时，打去油渣，把油汁盛入容器中备用。

5.3 调味料预制

5.3.1 炼红油：选用表皮光亮、色红肉厚的干辣椒，经去蒂、去籽后放入铁锅内，加少许食用植物油脂翻炒炕熟，冷却后舂成碎末，装入容器内；食用植物油入锅内烧至 160 ~ 190 ℃，然后将油舀入盛辣椒末的容器内，边舀入食用植物油脂边搅动辣椒末，达到色泽红亮，辣中带香的要求。辣椒末与食用植物油脂比例为 1∶2.5 ~ 3.0。

5.3.2 制姜水：老姜洗净去皮，捣成姜蓉后用冷开水调匀；姜蓉与冷开水的比例为 1∶3 ~ 3.5。

5.3.3 调制蒜水：大蒜去皮，捣成蒜蓉后用冷开水调匀；蒜蓉与冷开水的比例为 1∶3 ~ 3.5。

5.3.4 预制榨菜粒：榨菜经洗净，挤干水分，切成约 0.3 cm 见方的颗粒状。

5.3.5 预制葱花：小葱或火葱经粗加工清洗干净后，沥干水分，切成长度为 0.3 ~ 0.5 cm 的葱颗备用。

5.3.6 预制熟碎花生仁：花生仁洗净后沥干水分，投入到热食植物油锅内炸至酥脆起锅，冷却后铡成颗粒状。

5.3.7 预制熟芝麻：芝麻淘洗后沥干水分，放入铁锅内用小火炒香至熟。

5.3.8 预制芝麻酱：将芝麻酱用芝麻油调散，呈浆状；芝麻酱与芝麻油的比例为 1∶1.2 ~ 1.4。

5.3.9 预制花椒粉：将干燥去籽花椒，粉碎成粉。

5.4 调味

将酱油、榨菜粒、味精、鸡精、红油辣子、食用猪油、姜水、蒜水、熟碎花生仁、芝麻酱、花椒粉、葱花等调味料，按照干溜、宽汤、清汤、红汤等食用要求，味型要求，以及与主辅料用量相适宜的要求，按一定比例均匀地放入面碗内进行调配。

5.5 煮面

5.5.1 面条煮制：在煮面锅内掺入冷水，用大火将水烧至沸腾，投入面条，煮至面条翻滚浮于水面，再掺入适量冷水，待到再次沸腾、煮熟后，用漏瓢捞起，盛入事先已调好味的面碗内。

5.5.2　蔬菜制备：在煮面的过程中，将洗净的蔬菜，投入到沸水锅内煮熟捞出盛入碗内。

5.6　制作过程卫生要求

粗加工、辅料预制、调味料预制、调味、煮面等重庆小面制作过程卫生要求符合 SB/T 10426 的规定。

6　感官要求

重庆小面成品感官要求，见表 1。

表 1　感官要求

项目	要　　求
色泽	红汤汤色红亮、清汤汤色乳白或浅黄，面条微黄，绿色蔬菜嫩绿，其他蔬菜呈本色。
质地	面条柔软不断，蔬菜嫩脆。
风味	红汤麻辣味浓，特色鲜明；清汤咸鲜适口，鲜香宜人。

7　最佳食用温度及时间

7.1　最佳食用温度

65 ~ 75 ℃。

7.2　最佳食用时间

从面条至熟到食用，时间以不超过 2 min 为宜。

后 记

年过七十，司厨五十余载。在经历了时势造就，环境熏陶，承前启后，薪火相传之后，漫长的厨艺生涯使我二人由什么都不懂的重庆崽儿，成为了“中国烹饪大师”。打我们进厨房的第一天开始，就接触到重庆小面，经历了认识小面、学习制作小面到掌握小面各方面技术的“三部曲”。

在重庆小面成为重庆的“城市名片”之后，我们觉得应该为擦亮这张名片做点什么，经过考虑后决定编写一本介绍重庆小面文化和小面制作技术的书。

一位烹饪老前辈曾经说过：“重庆小面的面条虽然是死的，但小面师傅的手艺是活的，只要能意自脑成，认真对待技术上的每一个细节，就能够通过技从指生的升华，赋予面条生命与活力。”这句话看似平常却包含着很深的道理。实际上，面条的生命与活力就是人们一贯追求的“五味之中求平衡，麻辣之中求层次”，“有味使之出，无味使之入”，“物无定味，适口者珍”的具化展现。几十年与重庆小面打交道的经验告诉我们，“味之为魂”是重庆小面的精髓，小中自有大文章，是重庆小面的魅力。

由于年事已高，加之我俩都是弄不懂电脑的“科盲”，二十多万字全凭手写完成，当把书稿送到出版社去后才松了口气。我们希望通过此书，为重庆人的“小面生活”再增添一点“佐料”，为重庆小面的发展尽一份绵薄之力。

本书得以完成，我们要真诚地感谢提供素材和打印的重庆餐饮行业协会肖春兰、尹孟，感谢参与面条制作拍摄的重庆新东方烹饪职业培训学院、疯狂掌门人、愚小面、花市豌杂、秦云老太婆摊摊面、程凉面、胖娃牛肉面、周氏牛肉面、秋丘泡椒面庄、唐司令荣昌铺盖面、慕儿姜鸭面、一点堂等小面企业，路特斯菜谱品牌设计公司，以及中国烹饪大师张钊、熊云、姜伟的积极参与。特别要感谢为此书写序的小面“非遗”传人、重庆德佳食品有限公司董事长赖维学先生。还要感谢《人文地理》杂志主编李海洲先生，美食文化学者李伟先生以及《重庆美食》杂志社的各位编辑、记者，小面爱好者陈娇、蔡森炜、朱海峰、杨春华、刘露、赵浩宇、李明明、周斌媚、徐明、郝赢、项杰欣、马冬、石凡羲、祝朵红、李清然、李晓、黄秋秋、黄小兰、谢纹影等“点赞”重庆小面的文章。

由于重庆小面太深入人心，影响力甚广，我们在编写时虽然想面面俱到，但不一定能俱全，在编写中肯定谬误不少，还请行家教我，是所至祷。

张正雄　董渝生

2021 年 1 月